AF463410

DESCRIPTION
ET
USAGES
DE LA MAPPEMONDE
PROJETÉE SUR L'HORIZON DE PARIS,
ET
DÉDIÉE à Monseigneur LE DAUPHIN

Par le P. CHRYSOLOGUE DE GY *en Franche-Comté,* CAPUCIN.

Prix avec les deux Hémiſpheres, ſix livres.

A PARIS,

Chez
- MERIGOT l'aîné, Libraire, quai des Auguſtins, Dépôt des Cartes Marines.
- ESPRIT, Libraire, au Palais Royal, ſous le Veſtibule du grand Eſcalier.
- ISABEY, Marchand d'Eſtampes, rue de Gêvre, Maiſon de M. Buldet.
- SERRETE, Cour du Manége, à l'entrée des Tuileries.

M. DCC. LXXIV.

Avec l'Approbation & ſous le Privilège de l'Académie Royale des Sciences de Paris.

A

MONSEIGNEUR

LE DAUPHIN.

MONSEIGNEUR,

La Mappemonde, que vous avez daigné agréer & dont Paris occupe le centre, réunissant les quatre Continents sous un seul point de vue, votre goût & vos connoiſſances de la Géographie vous y feront trouver facilement, & plus exactement qu'en toute autre, la ſituation de tous les pays où la France a des poſſeſſions & des relations; & votre auguſte nom à la tête de cet ouvrage en relevera le mérite, & ſera un puiſſant motif de reconnoiſſance pour celui qui a l'honneur d'être avec un très-profond reſpect,

MONSEIGNEUR,

Votre très-humble & très-obéiſſant ſerviteur,

F. CHRYSOLOGUE DE GY, Capucin.

EXTRAIT DES REGISTRES de l'Academie Royale des Sciences.

Du 28 Août 1773.

NOUS avons examiné par ordre de l'Académie une Mappemonde projetée sur l'horizon de Paris, présentée par le P. CHRYSOLOGUE DE GY en Franche-Comté, Capucin. Elle renferme toutes les propriétés de celles qui sont projetées sur le premier méridien, & elle en a beaucoup d'autres dont ces dernieres ne sont pas susceptibles. 1° Toutes les parties des quatre continents y sont autour du centre de l'hémisphere supérieur dans la même proportion qu'elles sont sur la terre autour de Paris : de-là un rayon gradué & mobile sert d'échelle, au moyen de laquelle on trouve facilement la distance de tous les endroits de la terre à Paris, tant en degrés d'un grand cercle qu'en lieues communes de France, leurs angles de position, & l'air de vent auquel ils sont situés respectivement à cette ville ; ce qui fixe très-justement l'imagination, & facilite la connoissance de la Géographie universelle. 2° On trouve aussi là distance entre les villes qui sont sous chaque vertical de Paris, & l'on distingue celles qui en sont également éloignées par les almicantarats que le rayon décrit en le faisant tourner autour du centre où il est attaché. 3° On y trouve la longueur des crépuscules, le lever, le coucher & les amplitudes du soleil, les arcs sémi-diurnes, & la grandeur des jours. 4° Les méridiens étant décrits de 7^d 30^m en 7^d 30^m, la zone torride devient un cadran, qui, combiné avec un autre cadran commun horizontal tracé sur la même méridienne, s'oriente de lui-même & avec lui toute la carte. Toutes ces questions de la Sphere sont réduites en Problêmes par l'Auteur. L'écrit qu'il a joint à sa carte & qu'il destine à l'impression contient, outre le discours général & préliminaire sur ce genre de projection, dix-neuf Problêmes appliqués à des exemples dont il donne par ce moyen une prompte solution.

Cette Mappemonde est dans la grandeur convenable des grandes qui ont paru jusqu'ici; elle est remplie suffisamment. L'Auteur s'est servi des longitudes & des latitudes marquées dans les derniers volumes de l'Académie comme d'autant de points fixes, pour placer ensuite les autres points selon les meilleures cartes dressées d'après les observations des voyageurs ; & particuliérement celles de MM. d'Anville, Daprés, la nouvelle Carte du Méxique, l'Atlas de Russie, &, dans le Sud, celles de MM. de Bougainville, Banck, & Solander.

La projection de Ptolomée, qui est si connue, a été bien variée dans le seizieme & le dix-septieme siécles à l'occasion des Astrolabes : enfin il en parut une en 1760, à peu-près semblable à celle-ci. Que si l'Auteur l'eut faite plus grande, elle différeroit encore de celle qu'on présente aujourd'hui, parce qu'il y manque des cercles & autres explications nécessaires, & qu'elle est projetée sur le 45e degré, & non pas sur le 48e 51^m^, ce qui empêche que le rayon puisse servir d'échelle pour Paris ; mais elle est si petite qu'on n'a pas pu y mettre un détail considérable & convenable à une Mappemonde. Les longitudes n'y étant marquées que sur l'équateur, il est très-difficile de trouver celles des arcs des méridiens qui ne coupent pas ce cercle sur chaque hémisphere, & l'horizon n'étant pas gradué, on n'y peut pas connoître facilement les angles de position.

L'avantage sur le globe, que l'Auteur allégue en faveur de sa projection, est, en peu de mots, que, celui-là étant séparé de l'horizon, on ne peut pas y résoudre si précisément plusieurs Problêmes, & qu'à cause de sa convexité on perd de vue un endroit, quand on en regarde un autre quoiqu'assez proche; au lieu que sur sa carte on voit tout notre hémisphere d'un coup d'œil.

Cette projection, bien loin d'empêcher l'usage des cartes des quatre continents données jusqu'à présent, y paroît au contraire très-nécessaire, & à plus forte raison, à celui des cartes particulieres, puisqu'elle rectifie nos idées en enseignant leur situation respective à notre égard. Nous avons cru cet ouvrage, qui paroît fait avec un très-grand soin, digne des éloges de l'Académie, & d'être imprimé sous son privilége. CASSINI, LE MONNIER, & D'ANVILLE.

Je certifie l'extrait ci-dessus conforme à son original & au jugement de l'Académie. A Paris, le 4 Septembre 1773.

GRANDJEAN DE FOUCHY, Secrétaire perpétuel de l'Académie Royale des Sciences.

DISCOURS

DISCOURS
PRÉLIMINAIRE.

LA Géographie étant la description de la terre, elle y applique les points, lignes & cercles de la sphere armillaire pour en mieux faire connoître les lieux par rapport à leur situation à l'égard du ciel; elle en sépare les différentes parties, & les considere comme elles sont en elles-mêmes par rapport à leur terroir & leurs productions; elle remarque les lieux où se sont passés les faits les plus considérables. Delà trois sortes de Géographie, l'astronomique, la naturelle & l'historique. La derniere n'étant pas du dessein de cet ouvrage, on n'y a eu égard que pour placer dans la Mappemonde les endroits où sont arrivés les principaux faits. La seconde n'y entre que pour séparer les Continents, Royaumes, Provinces, Villes, Mers, Isles, Rivieres & autres parties de la terre. Mais la premiere, qui est la plus belle & la plus savante, y est expliquée fort au long; ce qui fait un mélange d'Astronomie & de Géographie curieux, facile, & plus utile qu'on ne le trouve dans les autres Cartes, ni même dans les Mappemondes qui ont paru jusqu'à présent, &, on ose dire, plus avantageux que dans les Globes.

Nous avons en effet des Mappemondes projetées sur le premier méridien, sur l'équateur & sur l'horizon qui a pour centre 45 d. de latitude & 20 d. de longitude. Nous avons des cartes des quatre continents; toutes ont leur mérite; mais voici à peu près ce qu'elles ont de bon pour nous. La Mappemonde sur le premier méridien nous représentant la projection de la terre selon la sphere droite, on peut y connoître la longitude du soleil & le jour du mois qui y répond, sa déclinaison, son ascension droite, la distance de l'équinoxe au méridien, la latitude, la longitude, la zone, le climat, l'heure des différents pays; les Antipodes, Antœciens & Périœciens; les Asciens, Amphisciens, Hétérosciens & Périsciens; les peuples qui ont le soleil perpendiculaire à une heure donnée, ceux sur qui il passe successivement pendant 24 heures; la distance d'un endroit à ceux qui sont sous l'équateur ou sous un même méridien; mais pour en tirer tous ces avantages, il faut être très-versé dans l'Astronomie & la Géographie, parce que on n'y donne aucun principe, ni explication de toutes ces propriétés: il y a d'ailleurs beaucoup d'autres usages qu'on ne peut pas y trouver, & que l'on trouve facilement dans cette projection horizontale, sans autre secours que les Problêmes ci-après expliqués, pour peu que l'on ait de connoissance de la sphere.

La Mappemonde sur l'équateur a encore moins d'avantages que celle qui est sur le premier méridien.

La troisieme, qui est projetée sur l'horizon de

45 d. de latitude & 20 d. de longitude, est curieuse à certains égards. Si l'Auteur l'eut faite plus grande, sur l'horizon de Paris, & qu'il y eut ajouté les cercles & les explications nécessaires pour en faire connoître les propriétés, le dessein du présent ouvrage auroit été rempli ; mais ne la trouvant pas encore assez parfaite, on a cru pouvoir présenter celle-ci au public. C'est une Mappemonde sur l'horizon de Paris, ou un astrolabe horizontal pour le 48e. degré 51 m. de latitude, & le 20e. degré de longitude. Cet ouvrage servira particuliérement pour Paris avec beaucoup de précision, pour 15 & 20 lieues aux environs sans erreur sensible, pour toute la France, & même pour toute l'Europe beaucoup plus utilement que tout autre en ce genre.

En effet, cette Mappemonde a toutes les propriétés des autres, & même beaucoup dont ces dernieres ne sont pas susceptibles. On y trouve, comme dans les autres, la longitude du soleil, sa déclinaison & autres usages détaillés ci-dessus. On y trouve de plus la longueur des crépuscules, le lever, le coucher & les amplitudes du soleil, son ascension oblique, les arcs sémi-diurnes, la grandeur des jours, les verticaux ou azimuts, les cercles de hauteur ou almicantarats ; &, ce qui est de plus particulier à cette projection, & de plus essentiel pour la Géographie, c'est que, par le moyen d'un rayon gradué & mobile qui sert d'échelle, on y trouve facilement & très-précisément la distance de tous les lieux de la terre à Paris, tant en degrés d'un grand cercle, qu'en lieues communes de France, leur angle de position (1) & l'air de vent auquel ils sont situés.

(1) L'angle de position dont il s'agit ici, & qu'on appelle

Prenez une Mappemonde sur le premier méridien ; cherchez Pékin, vous l'y trouverez ; mais étant différent de Paris en longitude & en latitude, vous ne trouverez sur votre carte aucun moyen pour en connoître la distance, ni l'angle de position, ni le vent ; il vous faudra avoir recours à des opérations difficiles : prenez même une carte d'Asie ; suivant les premiers principes vous croirez d'abord que Pékin est à l'EST par rapport à nous, comme il y est dans la carte ; si vous ne faites attention que nous ne le regardons pas depuis l'Asie, mais depuis l'Europe ; & si vous faites cette attention, vous ne trouverez non plus sur cette carte aucun moyen pour en connoître la véritable situation respectivement à nous. L'erreur seroit encore plus grande à l'égard de Kamczatka & des pays voisins. Quelques-uns se trompent aussi à l'égard de l'Amérique, regardant le Pérou, ou le Mexique, ou la Martinique, ou même Quebec, comme nos Antipodes, parce qu'ils les voient sur un hémisphere séparé.

Mais mettez une Mappemonde projetée sur l'horizon de Paris entre les mains d'un commençant en Géographie ; appliquant le rayon mobile sur Pékin, il en trouvera facilement la distance, & se tournant au NORD-EST, il vous dira que Pékin est de ce côté-là, à 73 d. ou à 1825 lieues communes de Paris, & que son angle de position est

aussi angle azimutal, est celui qui est formé par le méridien du lieu & le vertical qui passe par un astre, ou autre point du ciel ou de la terre, & qui se mesure sur l'horizon ; ensorte qu'un astre étant à ce dernier cercle, son angle de position est le complément de celui de son amplitude. Quelques-uns comptent cet angle depuis le SUD, de chaque côté, jusqu'au NORD.

de 46 d. 30 m. du NORD à l'EST, ou de 133 d. 30 m. du SUD par l'Orient. Par une opération semblable, il vous dira que Nisnei Kamczatka est un peu plus que NORD QUART AU NORD-EST, à 73 d. ou 1825 lieues de Paris, & que son angle de position est de 15 d. 15 m. du NORD à l'EST; que Quitto est un peu moins qu'OUEST QUART AU SUD-OUEST, à 83 d. 50 m. ou 2096 lieues de Paris, & que son angle de position est 82 d. 15 m. du SUD à l'OUEST; que Mexico est presqu'à l'OUEST NORD-OUEST, à 82 d. 20 m. ou 2058 lieues de Paris, & que son angle de position est de 68 d. 6 m. du NORD à l'OUEST; que la Martinique est à l'OUEST QUART AU SUD-OUEST, à 61 d. 20 m. ou 1533 lieues de Paris, & que son angle de position est de 78 d. 54 m. du SUD à l'OUEST; que Quebec est à 3 d. d'OUEST NORD-OUEST vers le NORD, à 46 d. 20 m. ou 1158 lieues de Paris, & que son angle de position est de 64 d. 30 m. du NORD à l'OUEST, & qu'ainsi tous ces pays étant sur notre horizon, bien loin d'être nos antipodes, en sont plus éloignés que de nous.

On trouve toutes ces propriétés sur le globe terrestre, même pour tous les pays comme pour Paris. On y en trouve aussi quelques autres; en quoi il a des avantages sur cette Mappemonde. Mais étant séparé de l'horizon, il y a beaucoup de Problêmes qui ne peuvent pas y être résolus avec tant de facilité ni de précision: tels sont ceux qui expliquent le lever & le coucher du soleil, son amplitude, &c. d'ailleurs sa convexité empêche de

NB. Page précédente, *ligne* 27, *lisez*: à 73 d. 50 m. ou à 1846 lieues; & pour la page 37, remarquez que Delhi n'est éloigné de Paris que de 59 d. & environ 6 m. & que son angle de position est de 80 d. 25 m. & pour la page 38, que Lima n'est qu'à 1 d. 50 m. ou 46 lieues de l'horizon.

voir notre hémiſphere d'un ſeul coup d'œil, en faiſant perdre de vue un lieu quand on veut en regarder un autre, quoiqu'aſſez proche. Ainſi, après avoir enſeigné la ſphere armillaire à un commençant, & la lui avoir fait remarquer ſur un globe, en lui expliquant ſes uſages, il eſt bon de paſſer à une projection horizontale. En orientant ſa carte, il verra plus diſtinctement, & tout à la fois, les quatre continents qui ſont autour de nous ſur l'horizon dont nous occupons le centre; & paſſant enſuite aux cartes particulieres, il ſe formera une idée juſte de la poſition de chaque Province, Ville, Iſle, &c. reſpectivement à cette Mappemonde.

Tels ſont les avantages qui ont déterminé à faire cet Ouvrage. Les cercles y ſont décrits avec toute la préciſion qu'exige la projection ſtéréographique. On a tâché de le remplir très-exactement; on y trouvera beaucoup de nouvelles découvertes publiées, ſur la fin de l'année précédente, dans les relations & ſur les cartes des derniers Voyageurs. Pour en faciliter l'uſage, on en a d'abord expliqué les points, les lignes & les cercles; on a enſuite réſolu les Problêmes, & on a dreſſé des tables reſpectives à cet objet, d'après celles de l'Académie Royale des Sciences, dont la conformité avec la ſolution des Problêmes, démontrera la juſteſſe de tout l'Ouvrage.

DESCRIPTION DE LA *MAPPEMONDE.*

CETTE Mappemonde est une représentation de la terre partagée en deux parties égales par l'horizon de Paris, dont chacune est comprise dans un cercle divisé en 360, & numéroté à sa circonférence de 5 en 5 jusqu'à 90, depuis l'EST au SUD, & au NORD, & de même depuis l'OUEST. Le centre de l'hémisphere supérieur représente le zénith, & le point où les méridiens se coupent, c'est le pole arctique. Dans l'hémisphere inférieur, le centre est le nadir, & le point où se coupent les méridiens, c'est le pole antarctique.

On trouve dans chaque hémisphere, 1°. la moitié du méridien de Paris, qui est une ligne droite tirée du NORD au SUD par le centre & le pole, divisée en 180, & numérotée de 5 en 5 de chaque côté de l'équateur, pour faire connoître les degrés de latitude des différents pays, & ceux de la déclinaison du soleil. Les jours des mois qui répondent à ces déclinaisons sont marqués dans la table VII dressée à ce dessein.

2°. La moitié du premier méridien qui passe par l'Isle de Fer.

3°. La moitié des autres méridiens de 7 d. 30 m. en 7 d. 30 m.

4°. La moitié de l'écliptique divisée en 180, & numérotée de 5 en 5 jusqu'à 30, pour chaque signe, à commencer de O ♈ vers l'Orient. La figure du signe est entre le premier & le cinquieme degré de l'arc qui y répond. On trouve dans la premiere Table les jours des mois qui répondent aux degrés des signes.

5°. La moitié de l'équateur divisée en 180, & numérotée de 5 en 5 dégrés pour les longitudes depuis le méridien de l'Isle de Fer. Ces mêmes degrés sont aussi marqués de 7 d. 30 m. en 7 d. 30 m. autour de l'horizon jusqu'à 360, & depuis le méridien de Paris jusqu'à 180 de chaque côté, avec les heures qui y répondent.

6°. Les paralleles de 5 en 5, dont les septentrionaux jusqu'au 40e. degré sont plus de la moitié sur l'hémisphere supérieur, & les méridionaux jusqu'au 40e. y sont moins à proportion. L'autre partie de ces paralleles est sur l'hémisphere inférieur.

7°. Les autres paralleles jusqu'au pole sont tout entiers sur chaque hémisphere respectif.

8°. Les tropiques & les cercles polaires sont distingués par une double ligne.

9°. La rose des vents. On a écrit tout au long SUD, NORD. Pour les autres on n'a mis que les lettres initiales : par exemple, E, O, S-E, S S-E, Q. qui signifient EST, OUEST, SUD-EST, SUD SUD-EST, QUART, & ainsi des autres.

10°. On a tracé deux cadrans sur l'hémisphere inférieur. Pour cela on a ajouté dans la zone torride quelques paralleles marqués par des points qui, avec les autres & les arcs des méridiens de la même zone, en font un. L'autre est un cadran commun horizontal, dont on n'a tracé qu'un bout des lignes horaires entre les paralleles 45 & 50e. La figure des deux styles réunis dans un triangle, est tracée sur l'hémisphere, & dans la place où elle doit être attachée; savoir, de maniere que le bout de l'axe qui doit toucher le plan, réponde au centre du cadran commun; qui est le point où le cercle polaire coupe la méridienne, & que le sommet de l'angle droit soit au centre de l'hémisphere. La ligne AC est le style du Cadran commun, & la ligne BG, celui de l'astrolabe.

11°. On trouve aussi sur l'hémisphere inférieur la figure de l'échelle qui est un rayon gradué & numéroté en degrés d'un grand cercle, & en lieues communes de France. Il faudra rapporter cette échelle sur une lame mince de cuivre ou d'autre matiere solide, & attendre pour cela que les hémispheres soient collés ou arrangés de la maniere en laquelle on voudra les mettre pour s'en servir. On trouvera à la fin du seizieme Problême la maniere de coller & arrêter les hémispheres pour en tirer plus d'usages.

12°. Sur le même hémisphere on trouve le cercle des crépuscules parallele & éloigné de l'horizon de 18^{d}. On n'a tracé que l'arc nécessaire, savoir celui qui, traversant la torride, coupe à l'EST & à l'OUEST tous les paralleles du soleil dans les points du commencement des crépuscules du matin & de la fin de ceux du soir.

USAGES DE LA MAPPEMONDE.

PROBLÊME PREMIER.

Disposer l'Astrolabe dans la situation du Monde.

AYANT une méridienne trouvée, ou par le moyen des deux cadrans, dont il est parlé au XVIIIe. Problême, tournez le NORD de l'hémisphere inférieur au Septentrion, & le SUD au Midi; alors la méridienne répondra à la vôtre & au méridien céleste : l'EST sera à l'Orient & l'OUEST à l'Occident. L'hémisphere supérieur se trouvera aussi orienté en le plaçant à côté de l'inférieur, ou du moins dans la même direction. Vous reconnoîtrez alors que tous les pays marqués sur ce dernier sont autour de vous dans la même situation qu'ils sont sur la carte autour de Paris qui en est le centre. Vous connoîtrez aussi, par le XVIe Problême, votre situation respective à tous les endroits qui sont sur l'hémisphere inférieur.

Nota. Dans presque tous les Problêmes l'Astrolabe sera supposé dans la situation du monde : c'est pourquoi, quand on voudra s'en servir plus utilement & plus agréablement, il faudra commencer par l'y mettre. Si l'on n'a ni méridienne trouvée, ni cadrans montés, on pourra se servir de l'étoile polaire. L'observation sera plus exacte, si on prend le moment qu'elle passe par le méridien ; ce qui arrive 39 minutes & environ 25 secondes après O ♈ ou O♎ (1). On trouvera encore plus facilement le passage de cette étoile par le méridien, en la comparant avec la troisième de la queue de la grande ourse, qui est la plus près du quarré de cette constellation, parce que ces deux étoiles passent, presqu'en même-temps, par le méridien : si donc on observe le moment qu'elles sont dans un même vertical ou dans un même à plomb, on sera sûr qu'elles seront au méridien ; j'ai dit presqu'en même-temps, parce que cette étoile de la grande ourse y passe à présent environ 2 m. 30 s. avant la polaire. On pourra aussi se servir d'une aiguille aimantée en observant sa déclinaison, ou de la connoissance que l'on a à peu-près du midi. Ces deux derniers moyens ne sont pas si justes que les autres.

(1) O♈ signifie zéro aries, ou le point où le soleil commence à entrer dans ce signe. De même O♎ à l'égard de la balance.

PROBLÊME II.

Connoissant, par la premiere table, le lieu du Soleil pour un jour donné, trouver sa longitude, sa déclinaison, la distance de l'équinoxe au méridien pour le même jour.

Le lieu du soleil, c'est le point où il est sur l'écliptique. Sa longitude, c'est l'arc de l'écliptique compris entre ce point & l'équinoxe du Printemps, en comptant depuis cet équinoxe selon l'ordre des signes. Sa déclinaison, c'est l'arc du méridien, qui passe par le centre du soleil, compris entre ce centre & l'équateur. La distance de l'équinoxe au méridien, c'est le nombre de degrés, minutes & secondes réduits en heures, que le point de l'équinoxe du Printemps a encore à parcourir au moment de midi pour arriver au méridien.

Exemple.

Ayant trouvé sur l'écliptique de la carte, ou dans la premiere table, que le 30 Avril le soleil est au 9e. degré 53 m. 44 s. du taureau, vous connoîtrez que sa longitude est de 39 d. 53 m. 44 s. sa déclinaison de 14 d. 48 m. 24 s. & la distance de l'équinoxe au méridien de 322 d. 30 m. ou de vingt & une heures & demie.

Nota. On pourroit proposer ce Problême en plusieurs autres manieres : par exemple, connoissant la distance de l'équinoxe au méridien, trouver sa déclinaison, &c. ou connoissant la déclinaison du soleil, trouver sa longitude, &c. Il en est de même de plusieurs autres Problêmes suivants ; mais comme ce seroit proposer la même chose en différentes façons, on laisse aux Lecteurs le soin de se les proposer eux-mêmes.

PROBLÊME III.

Trouver pour Paris la longueur des crépuscules, le lever du Soleil, son amplitude orientale, son arc sémi-diurne, la grandeur du jour, le coucher du Soleil, son amplitude occidentale, son arc sémi-nocturne, & la grandeur de la nuit.

ON appelle crépuscule cette lumiere que le soleil commence à répandre dans l'athmosphere le matin avant son lever, & qu'il continue d'y répandre après son coucher. Le lever du soleil c'est le moment où son centre se trouve à l'horizon ; mais ses rayons éprouvant une réfraction qui le fait paroître à l'horizon, quoiqu'il soit encore au-dessous, on peut distinguer deux sortes de lever & de coucher : l'apparent, & c'est le moment où le centre du soleil paroît à l'horizon visuel, eu égard à cette réfraction ; le réel, & c'est le moment où le centre du soleil est à l'horizon rationnel. L'amplitude du soleil, c'est l'arc de l'horizon compris entre l'EST & le point où il se leve, & entre l'OUEST & le point où il se couche ; delà deux sortes d'amplitude, l'orientale & l'occidentale ; l'une & l'autre est, ou septentrionale, si le soleil est dans les signes septentrionaux, ou méridionale, s'il est dans les autres.

Toutes ces amplitudes peuvent aussi se distinguer en apparentes & réelles, eu égard au lever & au coucher apparents & réels du soleil.

L'arc sémi-diurne, c'est celui que le soleil décrit ce jour-là depuis son lever apparent jusqu'à la méridienne de l'hémisphere supérieur. La grandeur du jour, c'est le double de cet arc. L'arc sémi-nocturne, c'est celui que le soleil décrit depuis son coucher apparent jusqu'à la méridienne de l'hémisphere inférieur; & la grandeur de la nuit, c'est le double de cet arc.

Les causes de la durée des crépuscules variant en beaucoup de manieres, même pour un jour proposé, il n'est pas possible de la déterminer à quelques minutes près; c'est pourquoi il suffit de connoître le moment que le soleil est à 18 d. sous l'horizon, pris sur un cercle vertical, parce que c'est alors que commencent & finissent ordinairement les crépuscules. Mais cette connoissance, pour l'opération présente, supposant celle du temps du lever & du coucher du soleil, nous commencerons par celle-ci.

Pour le lever du soleil, remarquez que les méridiens étant décrits de demi-heure en demi-heure, quand il se leve à un point où un méridien coupe l'horizon, si c'est du côté du NORD, il faut ôter de six heures autant de demies qu'il y a de méridiens depuis l'EST; si c'est du côté du SUD, il faut ajouter ces demies à six heures. Il en est de même pour le coucher, excepté qu'il faut ôter ou ajouter les demies en différents temps.

Exemple.

Voulant savoir à quelle heure le soleil se leve le 30 Avril, cherchez sa déclinaison pour ce jour-là par le second Problême. Ayant trouvé qu'elle est de 14 d. 48 m. 24 s. vous pourrez vous servir du parallele qui passe par le 15e. degré, & qui coupe l'horizon 11 m. d'heure plus au NORD que le second méridien depuis l'EST : diminuez une minute d'heure à cause des 11 m. 36 s. de degré qui manquent pour le 15e parallele, & vous connoîtrez que le 30 Avril le soleil se leve à Paris à 5 h. moins 10 m. ou à 4 h. 50 m : comptez ensuite les degrés depuis ce point jusqu'à l'EST, vous aurez l'amplitude orientale de 23 d. 29 m. mais ce point d'intersection étant celui du parallele & de l'horizon rationnel, sans avoir égard à la réfraction qui fait paroître le soleil, ce jour-là, environ 3 m. 24 s. d'heure plutôt qu'il n'y est en effet ; ôtez ces 3 m. 24 s. de 4 h. 50 m. le reste sera 4 h. 46 m. 36 s. pour le lever apparent du soleil.

Cette opération étant difficile, & d'autant plus que n'y ayant, ni pouvant y avoir, sans une grande confusion, des paralleles décrits pour tous les jours, ni des méridiens pour toutes les minutes, il faut agir par proportion ; il est plus court & plus sûr de recourir à la premiere Table, où l'on trouve le lever, le coucher, & les amplitudes apparentes du soleil.

Exemple.

Voulant connoître sur la carte le point de l'horizon où le soleil se leve, & son amplitude orientale le 30 Avril, cherchez dans la premiere Table, vous trouverez que cette amplitude est, ce jour-là, de 23 d. 29 m. au NORD, & que le soleil se leve à 4 h. 46 m. cherchez ensuite ce 23e. d. 29 m. sur la carte, & vous aurez le point de l'horizon où le soleil se leve : la distance de ce point à l'EST sera l'amplitude orientale. Vous trouverez de la même maniere sur la carte le point de l'horizon où le soleil se couche, & son amplitude occidentale pour le même jour, en observant seulement que cette derniere amplitude est de 17 m. (1) plus au NORD que l'orientale, parce que le soleil monte alors dans les signes septentrionaux, & que le soleil se couche à 7 h. 15 m. Connoissant ainsi l'heure du lever & du coucher du soleil, il sera aisé de conclure que la grandeur du jour artificiel est de 14 h. 29 m. & l'arc sémi-diurne de 7 h. 14 m. 30 s. Le soleil se levant le jour suivant à 4 h. 45 m. la grandeur de la nuit est de 9 h. 30 m. & l'arc sémi-nocturne de 4 h. 45 m. Il en est de même pour le 13 Août, jour auquel le soleil se leve aussi à 4 h. 46 m. en faisant attention que les jours décroissent alors. Il y a aussi quelque différence entre chaque année, à cause des 5 h. 49 m. dont l'année solaire est plus longue que la civile; mais elle est si petite, qu'on peut la négliger.

Il est facile à présent de trouver sur la carte la durée des crépuscules pour le même jour. Voyez pour cela, par le moyen des heures marquées au bout des arcs des méridiens autour de l'horizon, à quelle heure le parallele du soleil coupe le cercle des crépuscules, en faisant attention que les méridiens étant décrits de 7 d. 30 m. en 7 d. 30 m. le soleil demeure une demi-heure pour aller de l'un à l'autre; la différence entre cette heure & celle du lever ou du coucher du soleil, donnera ce que vous cherchez. Or cette intersection du parallele du

(1) *Nota.* La différence entre l'amplitude orientale & l'occidentale, n'est pas toujours de 17 m. il n'y en a presque point aux solstices; elle est environ de 19 m. aux équinoxes, & c'est la plus grande.

soleil

soleil & du cercle des crépuscules se fait, ce jour-là, à 2h 33m du matin, & à 9h 29m du soir, d'où vous devez conclure que le crépuscule du matin commence 2h 13m avant le lever du soleil, & que celui du soir continue 2h 14m après son coucher.

On trouve dans la premiere Table le commencement & la fin des crépuscules pour toute l'année de 5 en 5 jours, par où l'on connoîtra facilement leur durée, en les comparant avec le lever & le coucher du soleil. On pourra ensuite voir sur la carte l'arc du parallele, que le soleil parcourt pendant le tems du crépuscule.

PROBLÊME IV.

Trouver le lever & le coucher du Soleil, ses amplitudes, ses arcs sémi-diurnes & sémi-nocturnes, la grandeur des jours & des nuits, & leurs différences pour les latitudes, depuis l'équateur jusqu'aux cercles polaires de 5 en 5 degrés, & pour les déclinaisons, depuis le premier degré jusqu'au 23e 28m.

AYANT trouvé par la premiere Table la déclinaison du soleil pour un jour donné, & l'arc sémi-diurne par la quatrieme pour la déclinaison trouvée & la latitude proposée, vous connoîtrez aussi facilement le lever & le coucher du soleil, la grandeur du jour & autres propriétés proposées dans ce problême. Si vous voulez savoir leurs différences pendant l'année pour la même latitude, cherchez-les pour les jours que vous voudrez ; & les ayant comparés, vous connoîtrez de combien ils different. Faites en de même pour différentes latitudes, afin de les comparer, soit entre elles, soit avec d'autres. Vous trouverez ensuite sur la Mappemonde les lieux pour lesquels vous aurez operé.

Exemple.

Voulant savoir à quelle heure le soleil se leve à Jérusalem le 27 Avril, vous trouverez dans la premiere Table que ce jour-là le soleil décline au septentrion de 14^{d}, & dans la quatrieme que Jérusalem étant à 31^{d} 50^{m} de latitude, l'arc sémi-diurne y est de 6^{h} 37^{m} 50^{s} : par où vous connoîtrez que le soleil se leve à 5^{h} 22^{m} 10^{s}, qu'il se couche à 6^{h} 37^{m} 50^{s}, que la grandeur du jour est de 13^{h} 15^{m} 40^{s}, que l'arc sémi-nocturne est de 5^{d} 22^{m} 10^{s}, & que la grandeur de la nuit est de 10^{h} 44^{m} 20^{s}. Pour avoir leur différence entre ce jour & le 30 Mai, pour la même Ville, trouvez pour ce dernier jour la déclinaison du soleil qui est de 22^{d} au septentrion, & l'arc sémi-diurne qui est de 7^{h} 0^{m} 40^{s}, & vous verrez que la différence entre les deux arcs sémi-diurnes est de 0^{h} 22^{m} 10^{s}, & par conséquent que celle du jour est de 0^{h} 44^{m} 20^{s}, &c. en opérant de même pour d'autres latitudes vous trouverez à leur égard la différence de tout ce qui est proposé dans ce problême : vous connoîtrez, par exemple, qu'à Paris le 27 Avril le jour est plus grand qu'à Jérusalem de 1^{h} 2^{m} 20^{s}, & le 30 Mai de 1^{h} 46^{m} 40^{s}.

Nota. 1°. Si on veut avoir toute la précision possible, il faut faire attention si les jours croissent ou décroissent, & de combien ; ce qu'on peut négliger, la différence étant très-petite.

Nota. 2°. Il peut se faire que le soleil se leve au même instant physique en deux endroits, quoique l'un soit plus oriental que l'autre; & cela à cause des différentes latitudes. Ce qui prouve la fausseté de ce que dit en général un Géographe, savoir, qu'autant de fois que l'on compte 15^{d} à l'orient, c'est autant de fois une heure de différence pour le lever du soleil. En effet, suivant les principes établis ci-dessus dans ce problême, de plusieurs peuples qui ont même longitude, les uns voyent le soleil, quand il parcourt les signes septentrionaux, se lever plutôt que ceux qui sont plus au midi. Par exemple, le 27 Avril, de trois peuples qui ont chacun 20^{d} de longitude, ceux qui sont à 64^{d} de latitude voyent lever le soleil à 3^{h} 51^{m}; ceux qui sont à 48^{d} 51^{m}, le voyent lever à 4^{h} 51^{m}; ceux qui sont à 7^{d} le voyent lever à 5^{h} 51^{m}; mais si l'on suppose que les premiers ayent 15^{d} de longitude moins que les seconds, & que les troisiemes en ayent 15 de plus, on trouvera que le soleil se leve au même instant dans ces trois endroits, parce qu'au même instant qu'il est 4^{h} 51^{m} à ceux qui ont 20^{d} de longitude & 48^{d} 51^{m} de latitude, il n'est que 3^{h} 51^{m} à ceux qui n'ont que 5^{d} de longitude & 64^{d} de latitude, & il est déja 5^{h} 51^{m} à ceux qui ont 35^{d} de longitude & 7 de latitude: ainsi le 25 Avril le soleil se leve en même-tems, à quelques minutes près, à Paris, à Breida en Islande, à 5^{d} 30^{m} au midi de Reghebil en Afrique (*a*). Il en est de même de tous les degrés de

(*a*) On a dit à quelques minutes près, parce que ces deux derniers endroits ne sont pas précisément aux

ces trois paralleles à proportion ; ensorte que le soleil se leve aussi, à peu près en même-tems, à Dronthem en Norwege, à Sniatyn capitale de la Pokucie dans la petite Pologne, & à 2^d au SUD-SUD-OUEST d'Anca-gurel dans le Royaume d'Adel en Afrique, parce que Dronthem est à 64^d 10^m de latitude & 29^d de longitude, Sniatyn à 48^d 40^m de latitude & 44^d de longitude, & Anca-gurel à 9^d de latitude & 60 de longitude.

PROBLÊME V.

Trouver combien de jours ou de mois les peuples qui ont plus de 66^d 32^m de latitude, voyent de suite le Soleil en été, & combien de jours ou de mois ils ne le voyent pas en hiver.

VOYEZ combien un endroit proposé a de degrés de latitude plus que 66^d 32^m : comptez-en autant depuis le tropique de l'écrevisse vers l'équateur, pour les pays septentrionaux : remarquez dans la première Table combien le soleil demeure à parcourir ces degrés de déclinaison ; le double sera le tems cherché.

Exemple.

Les peuples qui ont 67^d 22^m de latitude en ont 50^m plus que 66^d 32^m. Voyez combien le soleil demeure à parcourir ces 50^m depuis le tro-

degrés énoncés. On a ajouté, à 5^d 30^m de Reghebil, parce qu'il n'y a point d'autre endroit bien connu plus proche du 7e degré de latitude septentrionale.

pique vers l'équateur, vous trouverez 15 jours : ces peuples voyent donc le soleil un mois de suite, parce qu'ils commencent à le voir dès qu'il arrive à ce degré, & pendant qu'il monte jusqu'au tropique, ce qui dure 15 jours, & qu'ils ne cessent de le voir que quand il arrive une seconde fois à ce degré en descendant, ce qui dure autant ; ils le voyent ainsi depuis le 5 Juin jusqu'au 5 Juillet : mais aussi ils ne le voyent pas depuis le 5 Décembre jusqu'au 5 Janvier. Il en arrive de même à ceux qui sont à une latitude égale du côté du midi, mais en différens tems. La raison de cela, c'est qu'autant qu'on approche du pole depuis le 66^{d} 32^{m}, autant de paralleles de la zone torride achevent de monter entiérement sur l'horizon, & que l'on voit le soleil pendant tout le tems qu'il parcourt ces cercles ; ce qui est plus long & rend les climats de mois moins larges près du cercle polaire qu'aux environs du pole, à cause de la différence de la déclinaison du soleil dans les différens signes, qui fait qu'il demeure davantage à parcourir un même nombre de degré de déclinaison dans les signes des gémeaux & de l'écrevisse, dont les paralleles montent les premiers entiérement sur l'horizon, que dans les autres : le premier de ces climats n'a que 50^{m} de degré ou 20 lieues de largeur, comme on vient de le dire : le second, qui finit à 69^{d} 57^{m} en a 2^{d} 25^{m} ou 60 lieues, & ainsi des autres, toujours en augmentant à proportion jusqu'au pole. Voyez la Table des climats de mois. Ceci est supputé sans avoir égard à la réfraction qui fait paroître le soleil sur l'horizon, quoiqu'il soit encore environ 33^{m} de degré au-dessous, & cela pendant 10 jours pour le premier climat, pendant 6 jours pour le second; & ainsi des autres en diminuant jusqu'au pole.

PROBLÊME VI.

Trouver l'ascension droite & oblique du Soleil, ou du point de l'écliptique où il est un jour donné, & la différence ascensionnelle.

L'ECCLIPTIQUE coupant obliquement l'équateur, ses arcs ne montent pas également sur l'horizon en des tems égaux, & sont ainsi plus grands ou plus petits que les arcs de l'équateur qui montent avec eux. Ce sont ces arcs de l'équateur qu'on appelle ascension, qui se compte depuis la section vernale; ou l'ascension c'est le degré de l'équateur qui monte sur l'horizon en même tems que le soleil ou un degré proposé de l'écliptique, l'un & l'autre comptés depuis la section vernale selon l'ordre des signes. Si on cherche cette ascension pour la sphere droite, on l'appelle ascension droite, qui est le complément de la distance de l'équinoxe au méridien. Si on la cherche pour la sphere oblique, on l'appelle ascension oblique, & ce en quoi ces ascensions different, s'appelle différence ascensionnelle.

Exemple.

Voulant connoître l'ascension droite du soleil le 22 Avril, cherchez sur la carte ou dans la premiere Table le lieu du soleil pour ce jour-là: ayant trouvé qu'il est au 32e degré 57^m de l'écliptique, examinez dans la même Table la distance de l'équinoxe au méridien pour le même jour, vous trouverez 22 heures ou 330^{d} dont le complément est 30^{d}, d'où vous conclurez que le 30e degré de l'équateur se leve ce jour-là dans la sphere droite au même moment que le 32e degré 57^{m} de l'écliptique, & que tous ces degrés de l'écliptique montent sur l'horizon en même-tems que les 30 de l'équateur.

Pour l'ascension oblique, voyez par le quatrieme problême combien d'heures & de minutes le soleil se leve avant ou après six heures pour la latitude & le jour proposés : réduisez cette différence en degrés & minutes de l'équateur à raison d'un degré pour quatre minutes d'heures : ajoutez ces degrés à l'ascension droite, si le soleil se leve après six heures ; ôtez-les, s'il se leve avant, & vous aurez l'ascension oblique : ce que vous aurez ajouté ou ôté, sera la différence ascensionnelle.

Exemple.

Connoissant par ce qui est dit dans les problêmes précédens, que le 22 Avril proposé ci-dessus, le soleil se leve à Paris à 4^{h} 59^{m}, c'est-à-dire, 1^{h} 1^{m} avant 6 heures : réduisez ces 61^{m} en degrés, vous trouverez 15^{d} 15^{m}, qui étant ôtés des 30^{d} de l'ascension droite du même jour, vous aurez 14^{d} 45^{m} de reste pour l'ascension oblique, & la différence ascensionnelle sera de 15^{d} 15^{m}.

PROBLÈME VII.

Trouver la hauteur méridienne du Soleil sur l'horizon, sa distance au zénith & au pole, pour une latitude & un jour donnés.

CHERCHEZ d'abord la déclinaison du soleil sur la carte ou dans la première Table pour le jour proposé : si cette déclinaison est septentrionale, ajoutez-la au complément de la hauteur du pole pour la latitude donnée, & vous aurez la hauteur méridienne sur l'horizon : ôtez cette hauteur de 90, le reste donnera la distance du soleil au zénith qui répond au centre de la carte; ajoutez ce reste à la distance du zénith au pole, vous aurez la distance du soleil au pole.

Exemple.

Le 9 Avril, le soleil étant au 20e degré du ♈ décline au septentrion de 7d 49m 47s; ajoutez-les à 41d 9m qui sont le complément de la hauteur du pole à Paris, vous aurez 48d 58m 47s, pour la hauteur méridienne du soleil sur l'horizon : ôtez-la de 90, resteront 41d 1m 13s pour la distance du soleil au zénith : ajoutez ce reste à la distance du zénith au pole, qui est égale au complément de la hauteur du pole, la somme de 82d 10m 13s vous donnera la distance du soleil au pole. Ainsi à Paris le 9 Avril le soleil est élevé à midi de 48d 58m 47s sur l'horizon; il est éloigné du zénith de 41d 1m 13s, & du pole de 82d 10m 13s.

PROBLÊME VIII.

Trouver le parallele que le Soleil décrit un jour donné, les peuples sur lesquels il passe successivement pendant les 24 heures, ceux à qui il est actuellement perpendiculaire, à qui il l'a été, & à qui il le sera à une heure proposée.

Ayant trouvé la déclinaison du soleil pour le jour donné, voyez s'il y a sur la carte un parallele qui passe par ce degré : s'il y en a un, c'est celui que vous cherchez ; s'il n'y en a point, vous en supposerez un éloigné des autres à proportion de la différence de déclinaison : suivez ce parallele sur les deux hémispheres, vous trouverez les peuples sur lesquels le soleil passe successivement pendant 24 heures : examinez ensuite quelle heure il est chez nous, &, si c'est le matin, autant d'heures que vous êtes éloignés de midi, comptez autant de fois 15^{d} sur le parallele depuis votre méridien à l'orient, & vous aurez le point où le soleil est actuellement perpendiculaire ; & à proportion, si vous opérez après midi, en comptant les degrés depuis votre méridien à l'occident. Vous trouverez de même ceux à qui le soleil a été ou sera perpendiculaire à une heure proposée du même jour, en observant combien cette heure est éloignée du midi, avant ou après.

Exemple.

Voulant résoudre ce problême pour le 15 Avril,

je trouve que le soleil décline de 10^d, & sur la carte un parallele qui y passe : en le suivant sur les deux hémispheres, je vois que ce jour-là le soleil passe successivement sur les endroits qui ont 10^d de latitude septentrionale, & qui sont (sur l'hémisphere supérieur) en Asie, le Golfe de Siam, Maduré & Cochin; en Afrique, près du cap d'Orfui, Zeila, Tumi, Songo, Rio-grande; en Amérique, Cumana, Léon de Caracas, Carthagene, Porto-Belo, Carthage, & (sur l'hémisphere inférieur) l'embouchure de la riviere de Camboye, & le milieu des Philippines.

Supposant ensuite que j'opére à Paris à 9 heures du matin, je compte 45^d sur le parallele depuis le méridien de Paris à l'orient, & je trouve qu'étant midi à ceux qui ont 65^d de longitude & 10^d de latitude, le soleil leur est actuellement perpendiculaire, qu'il l'étoit une heure auparavant à ceux qui ont 80^d de longitude & 10 de latitude, & qu'il le sera une heure après à ceux qui ont 50^d de longitude & 10 de latitude : si on opéroit pour le 9 Mai, jour auquel le soleil décline de 17^d 30^m, ne trouvant point sur la carte de parallele qui passât par ce degré, on en supposeroit un à peu près au milieu du 15 & du 20e qui passeroit sur les endroits qui ont 17^d 30^m de latitude septentrionale, & on acheveroit comme ci-devant; je dis à peu près, parce que les paralleles se rapprochent en allant au centre.

PROBLÊME IX.

Trouver les peuples qui ont le plus long-tems le Soleil près de leur zénith.

POUR la solution de ce problême, remarquez, 1°. que dans un mois après l'équinoxe le soleil s'éloigne de $11^d\ 30^m$ de l'équateur, que 18 jours après il en est éloigné de $16^d\ 30^m$, & qu'il demeure long-tems à y revenir : 2°. qu'il lui faut un mois & demi pour aller du 16e degré 30^m au $23^e\ 28^m$, c'est-à-dire, au tropique, & autant pour revenir au $16^e\ 30^m$, & qu'ainsi pendant 3 mois, n'étant éloigné au plus que de 7^d du tropique, il en est proche plus long-tems que de l'équateur : mais aussi pendant ces trois mois, il ne s'éloigne au plus que de $3^d\ 28^m$ du 20e parallele, savoir, 15 jours du $16^e\ 30^m$ au 20e, un mois du 20e au $23^e\ 28^m$, un mois pour retourner au 20e & 15 jours pour aller au $16^e\ 30^m$, ce qui prouve que les peuples qui sont aux environs du 20e degré de latitude, ont le soleil près de leur zénith plus long-tems que tous les autres, savoir, depuis le 6 Mai jusqu'au 6 Août; & par conséquent, que, toutes autres choses étant pareilles, ils éprouvent les plus grandes chaleurs.

PROBLÊME X.

Trouver pour un jour & une heure donnés la distance du Soleil au zénith de Paris, sa hauteur sur l'horizon, son almicantarat, son vertical ou azimut, les peuples sur lesquels le vertical passe, & le point où il coupe l'horizon.

CONNOISSANT par le 8e problême le point de la terre où le soleil est perpendiculaire le jour & l'heure proposés, tournez le rayon mobile de maniere que le bord où les degrés sont marqués, rase ce point, dont la distance au centre est égale à la distance du soleil au zénith ; & le complément du rayon, c'est-à-dire, depuis le même point à l'horizon, est la hauteur du soleil : faisant tourner le rayon autour du centre où il est attaché, le degré, qui a fait connoître le lieu du soleil, décrira l'almicantarat : arrêtez de nouveau le rayon sur le même point, le bord représentera le vertical, & indiquera les peuples sur lesquels il passera & le point où il coupera l'horizon.

Exemple.

Connoissant que le 15 Avril, quand il est 9 heures du matin à Paris, le soleil est perpendiculaire à ceux qui ont 65d de longitude & 10 de latitude ; mettez le rayon sur ce point que vous trouverez éloigné du centre de 53d 54m qui sont la distance du soleil au zénith : ce même point se trouvera éloigné de l'horizon de 36d 6m, hauteur du soleil. Tournant ensuite le rayon autour du centre, le 53e degré 54^m décrira l'almicantarat, & ce rayon ramené sur le 65e degré de longitude & le 10e de latitude, montrera que le vertical passe par Besançon, la côte orientale de l'Italie, au milieu de la Morée & de l'Isle de Candie, près d'Alexandrie, du Caire, de Cosseir, d'Algiar, de la Meque, de Serrain, entre Hali & Confida, près de Rebid, Taez, des Isles Mahé & de celle de Roque-pirez, & qu'il coupe l'horizon à 30^d 30^m, à compter de l'EST au SUD.

Nota. Ayant trouvé, par le 8e problême, le parallele que le soleil décrit un certain jour, voyez où il coupe les méridiens sur l'hémisphere supérieur avant & après midi : amenez le rayon successivement près de ces points d'intersection, le nombre de degrés compris entre chacun d'eux & l'horizon, nous donnera la hauteur du soleil aux heures & aux demies respectives. Si vous voulez avoir cette hauteur de quart en quart d'heure pour le même jour, prenez sur le même parallele des points à peu près également distans du méridien : je dis à peu près, parce que ces méridiens étant toujours plus éloignés entre eux à proportion qu'ils s'écartent de celui du plan, ces points doivent être pris un peu plus du côté de ce dernier. Vous pourrez ensuite trouver toutes les heures pendant ce jour-là, en observant avec un quart de cercle les hauteurs du soleil, & en les comparant avec celles que vous aurez trouvées sur la carte.

PROBLÊME XI.

Trouver la longitude & la latitude d'un lieu marqué sur la Carte, & leur différence entre deux lieux.

LA longitude d'un lieu terrestre c'est l'arc de l'équateur compris entre le premier méridien & le méridien de ce lieu, en allant d'occident en orient. Les François commencent ordinairement à compter les degrés de longitude depuis l'Isle de Fer, quelquefois depuis le méridien de Paris. On les a marquées des deux façons sur la carte autour de l'horizon, où il faudra recourir pour les arcs des méridiens qui ne coupent pas l'équateur.

Les degrés de longitude se comptent jusqu'à 360, de maniere cependant que, passé le 180e, quoique plus grands en nombre, ils se rapprochent du premier méridien. Les peuples qui sont sous le premier méridien, n'ont point de longitude : ceux qui sont sous un autre l'ont égale entre eux ; ceux qui sont sous différens l'ont différente ; & cette différence est égale à l'arc de l'équateur compris entre les deux méridiens, ou à la différence des nombres qui y répondent.

La latitude d'un lieu terrestre c'est l'arc d'un méridien compris entre ce lieu & l'équateur, & se compte depuis l'équateur vers chaque pole : c'est pourquoi on en distingue deux, savoir la méridionale & la septentrionale ; chacune ne peut être que de 90^d. Les peuples qui sont sous l'équateur n'ont point de latitude; ceux qui sont sous un même parallele l'ont égale; & ceux qui sont sous différens, l'ont différente; & cette différence est égale à l'arc du méridien compris entre les deux paralleles; ceux qui sont à l'intersection du premier méridien & de l'équateur, n'ont ni longitude ni latitude.

Ainsi pour connoître la longitude d'un lieu marqué sur la carte, suivez son méridien jusqu'à l'équateur ou à l'horizon, l'arc de l'équateur compris entre ce point & le premier méridien ou le nombre auprès de l'horizon vous donnera ce que vous cherchez. Pour avoir la latitude de ce lieu, suivez son parallele jusqu'au méridien de Paris, l'arc de ce dernier cercle, compris entre ce point & l'équateur, vous la fera connoître. Pour trouver la différence des longitudes de deux lieux, suivez les deux méridiens respectifs, l'arc de l'équateur compris entre les deux ou la différence des nombres qui y répondent vous l'indiquera; & pour la différence des latitudes, suivez les deux paralleles respectifs, jusqu'au méridien de Paris. Si le méridien ou le parallele d'un lieu, ou les deux, ne sont pas décrits sur la carte, prenez & suivez à proportion de leur distance aux plus proches: par-là vous trouverez que l'Isle de Fer n'a point de longitude, & qu'elle a 27^{d} 47^{m} de latitude; que Macapa en Amérique, près de l'embouchure du fleuve des Amazones, n'a point de latitude & qu'elle a 325^{d} 30^{m} de longitude depuis le premier méridien, & 54^{d} 30^{m} de longitude occidentale depuis Paris; que Paris a 20^{d} de longitude, & 48^{d} 51^{m} de latitude; que Pékin a 114^{d} 3^{m} de longitude, & 39^{d} 54^{m} de latitude; que la différence de longitude entre ces deux villes, est de 94^{d} 3^{m}, & la différence de latitude, de 8^{d} 57^{m}.

PROBLÊME XII.

Connoissant la longitude & la latitude d'un lieu, trouver sa place sur la Carte.

AYANT trouvé le méridien du lieu par le moyen des degrés de longitude & son parallele par ceux de latitude, suivez-les jusqu'à l'endroit où ils se couperont, qui sera la place cherchée. Si ce méridien & ce parallele ne sont pas décrits sur la carte, prenez-les à proportion, comme il est dit au problême précédent : par ce moyen on pourra opérer à l'égard de tous les endroits qui ne sont pas sur la carte, & dont on connoîtra les longitudes & les latitudes, comme à l'égard de ceux qui y sont marqués, & on suppléera à un plus grand détail, que la grandeur ordinaire des Mappemondes ne permet pas, & que l'on trouvera dans les cartes particulieres.

PROBLÊME XIII.

Trouver la zone & le climat d'un lieu de la terre.

LES zones sont de larges bandes de la terre, terminées par des cercles paralleles à l'équateur; on en distingue cinq, savoir, la torride, deux froides & deux temperées. La torride, ainsi nommée

mée parce qu'elle est brûlée par les ardeurs du soleil, étant terminée par les deux tropiques elle a 46^d 56^m de large, 23^d 28^m de chaque côté de l'équateur. Les zones froides, que l'on appelle ainsi à cause du grand froid qu'on y ressent, étant terminées par les cercles polaires & les poles qui sont au centre, elles ont 23^d 28^m de large. Celle qui a pour centre le pole arctique s'appelle zone froide septentrionale, & l'autre méridionale. Les zones tempérées, ainsi appellées parce que le chaud & le froid n'y sont pas trop grand, excepté à leurs extrémités, étant terminées chacune par un tropique & un polaire elles ont 43^d 4^m de large. L'une est du côté du pole arctique & s'appelle zone temperée septentrionale, & l'autre étant du côté du pole antarctique s'appelle méridionale.

Il est facile de voir sur la carte que Quito, Para, le Cap-Verd, Goa, &c. sont dans la zone torride; que Quebec, Paris, Jérusalem, Pékin, sont dans la zone temperée septentrionale, & ainsi des autres.

Le climat est une petite zone comprise entre deux paralleles tellement éloignés entre eux que le plus grand jour de l'un surpasse d'une demi-heure le plus grand jour de l'autre. Les jours étant continuellement de 12 heures sous l'équateur, & le plus grand sous le polaire étant de 24 heures, la différence est de 12 heures ou de 24 demi-heures; c'est pour cela que l'on compte 24 climats de l'un à l'autre; ensorte que le premier climat finit où le plus grand jour d'été est de 12^h & demie, le second où ce jour est de 13^h, &c. Ainsi un endroit où le plus grand jour d'été est de 16^h, comme à Paris, se trouve à la fin du 8e climat, parce qu'il a ce jour de 4^h, ou de 8 demi-heures plus grand que sous l'équateur.

La largeur des climats étant égale à la différence des latitudes entre les parallèles qui les terminent ; ils sont inégaux en largeur, & d'autant plus larges qu'ils approchent d'avantage de l'équateur, parce que les plus grands jours entre l'équateur & le cercle polaire dépendent de la grandeur des arcs du tropique sur l'horizon, & que ces arcs augmentent davantage près du polaire pour un même nombre de degrés de latitude, que près de léquateur. Voyez la Table des climats de demi-heure : la grandeur des jours y est marquée sans avoir égard à l'effet de la réfraction. Il sera facile ensuite de trouver sur la carte les lieux qui y répondent.

PROBLÊME XIV.

Connoître les Peuples qu'on appelle Amphisciens, Asciens, Hétérosciens & Périsciens.

LES amphisciens, c'est-à-dire, qui ont l'ombre de deux côtés, sont ceux qui en différens tems de l'année ont l'ombre méridienne, tantôt vers le NORD, quand le soleil est dans les signes méridionaux, tantôt vers le SUD, quand le soleil est dans les septentrionaux. On les appelle aussi asciens, c'est-à-dire, sans ombre, parce que les corps perpendiculaires à leur horizon n'ont point d'ombre certain tems de l'année, savoir quand le soleil est à leur zénith. Les peuples qui habitent la zone torride sont asciens & amphisciens, excepté ceux qui, étant sous les tropiques, n'ont qu'une sorte d'ombre méridienne.

Les Hérérosciens, ainsi appellés parce qu'ils n'ont l'ombre méridienne que d'un côté, sont ceux qui habitent les zones tempérées. Ceux qui sont aux zones froides n'ont l'ombre meridienne que d'un côté non plus; mais, parce que leur ombre tourne autour d'eux pendant certain tems de l'année, on les appelle Périsciens.

PROBLÊME XV.

Connoître les Peuples qu'on appelle Periœciens, Antœciens & Antipodes.

LES Périœciens sont ceux qui habitent sous un même parallele & un même méridien, mais dans des points opposés & éloignés de 180^{d} de longitude. Ils ont les mêmes saisons en même tems; mais les uns ont minuit quand les autres ont midi. Les habitans de Paris sont périœciens avec ceux qui ont 200^{d} de longitude depuis le méridien de l'Isle de Fer, & 48^{d} 51^{m} de latitude septentrionale.

Les Antœciens sont ceux qui habitent sous un même méridien, mais sous différens paralleles de chaque côté, & également éloignés de l'équateur, comme les deux tropiques. Ils ont la même longitude & une latitude égale, mais méridionale pour les uns, & septentrionale pour les autres. Ils ont mêmes saisons, mêmes grandeurs de jours & de nuits, &c. mais en différens tems, excepté les heures qui sont les mêmes en même tems. Les habitans de Paris sont Antœciens avec ceux qui ont 20^{d} de longitude depuis le méridien de l'Isle de Fer, & 48^{d} 51^{m} de latitude méridionale.

Les Antipodes, ainsi nommés parce qu'ils ont les pieds diamétralement opposés, sont sous une différente moitié d'un même méridien, & éloignés entre eux de 180^{d} de longitude. Ils ont une latitude égale, mais les uns méridionale & les autres septentrionale. Ils ont les zones, les climats, les saisons, les jours, les nuits, les heures semblables, mais tout, en différens tems. Les habitans de Paris sont Antipodes avec ceux qui ont 200^{d} de longitude depuis le méridien de l'Isle de Fer, & 48^{d} 51^{m} de latitude méridionale, c'est-à-dire, qui sont au centre de l'hémisphere inférieur. On trouve sur la carte les places de ces différens peuples.

PROBLÊME XVI.

Trouver la distance de tous les endroits de la terre à Paris, ceux qui en sont également éloignés, leurs angles de position, & à quel air de vent ils sont situés.

C'EST ici la plus belle propriété de cette Mappemonde en fait de géographie. On ne la trouve ailleurs que sur les globes, & encore moins facilement & moins précisément. En effet, pour connoître la distance d'un endroit à Paris, après avoir trouvé cet endroit sur la carte, ou le point où il doit être, par le 12e Problême, amenez-y le rayon mobile, dont la partie comprise entre ce point & le centre de l'astrolabe, qui est le lieu de Paris, vous donnera la distance entre ces deux endroits tant en degrés d'un grand cercle qu'en lieues communes de France. L'angle compris entre la méridienne & ce rayon est l'angle de position, dont vous trouverez la valeur sur l'horizon. La rose des vents nous fera connoître auquel cet endroit est situé respectivemet à Paris. Laissant le rayon dans la même situation, vous verrez tous les endroits où il faudroit passer pour aller de Paris à celui dont vous aurez trouvé la distance, & même jusqu'à l'horizon. Vous y trouverez aussi la distance entre ces différens endroits les uns à l'égard des autres. Faisant ensuite tourner le rayon autour du centre, vous verrez que tous les endroits de la terre, où un de ses points passera, sont également éloignés de Paris.

Exemple.

Voulant connoître la distance de Paris à Dehli ville de l'Indoustan dans les Indes orientales, amenez le rayon mobile près de cette derniere ville, vous trouverez qu'elle est éloignée de Paris de 59^{d} 30^{m}, ou de 1487 lieues & demie; que son angle de position est de 81^{d} depuis le NORD; qu'elle est un peu moins que EST QUART AU NORD-EST; que pour y aller il faudroit passer par Metz, près de Ratisbonne, par Sanok, Kaminiec, la petite Tartarie, la mer d'Asof, Terki, Balk, près de Kabul, Ashnagar, Lahaur qu'on laisseroit au NORD; que Sanok & Terki sont éloignés entr'eux environ de 19^{d}. ou de 475 lieues: faites ensuite tourner le rayon autour du centre, vous connoîtrez que Lublin, Sanok, Belgrade, Tunis, Soran, Lisbonne sont également éloignés de Paris, c'est-à-dire, d'environ 13^{d} 10^{m}, ou 329 lieues.

Si l'endroit, dont vous voulez connoître la distance depuis Paris, est sur l'hémisphere inférieur; trouvez d'abord sa distance à l'horizon dudit hémisphere, ajoutez-la à toute la valeur du rayon, la somme vous donnera ce que vous cherchez: pour en trouver l'angle de position & les endroits où il faudroit passer pour y aller, rapportez le rayon sur l'hémisphere supérieur, & arretez-le sur le même degré de l'horizon qu'il étoit sur l'autre.

Exemple.

Voulant connoître la distance de Paris à Lima ville du Pérou sur l'hémisphere inférieur, vous trouverez d'abord qu'elle est éloignée du centre de cet hémisphere de 87^{d} 50^{m}, & par conséquent de 2^{d} 10^{m} ou 54 lieues de l'horizon; ajoutez-les à la valeur de tout le rayon, vous aurez 92^{d} 10^{m}, ou 2304 lieues de Paris à Lima. Rapportant ensuite le rayon sur l'hémisphere supérieur & sur le même degré de l'horizon vous connoîtrez que l'angle de position de cette ville est de 73^{d} 40^{m} du SUD à l'OUEST, & qu'elle est presqu'au milieu de S.O. & OUEST QUART au SUD-SUD-OUEST. On peut encore résoudre plus facilement & plus clairement ce dernier exemple, en coupant les deux hémispheres en rond par les cercles qui terminent la rose des vents pour en rejoindre successivement tous les points respectifs. Pour cela, il faut remarquer, 1°. que les cercles verticaux de Paris se coupent tous au zénith de cette ville & à celui de ses Antipodes; 2°. que l'on en compte autant qu'il y a de points dans l'horizon (*a*); 3°. qu'il n'y a pas un endroit de

(*a*) Quoique chacun de ces cercles coupe l'horizon

la terre qui ne soit sous quelqu'un de ces cercles; 4°. que, les verticaux étant des grands cercles, leurs degrés valent chacun 25 lieues communes de France. Tout cela, qui seroit évident sur un globe où il y auroit un cercle, qui, attaché aux points de Paris & de ses Antipodes, tourneroit dans l'horizon, peut s'appliquer à notre Mappemonde. Pour le comprendre, supposez le globe & le vertical coupés par l'horizon, les deux hémisphe-res posés à côté l'un de l'autre sur leurs plans de section, & les deux demi-cercles du vertical se touchans. Alors vous opéreriez à l'égard des endroits qui seroient sous ces demi-cercles comme si les deux hémispheres du globe étoient réunis. Laissant ensuite les demi cercles dans la même situation, vous feriez tourner les hémispheres de maniere que les points qui se touchoient avant la section se réuniroient successivement, & vous agiriez à leur égard comme à l'égard de ceux qui se seroient trouvés joints les premiers. Cela supposé, appliquons tous ces principes à notre Mappemonde. Elle représente à plat ce que les deux demi-globes représenteroient en rond. Deux rayons gradués comme celui de l'échelle, attachés chacun au centre d'un hémisphere, représentent un demi-vertical. Arrêtons donc ces rayons en ligne droite entre Paris & ses antipodes, & amenant dessous deux points correspondans de l'horizon de chaque hémisphere, par

en deux points, & qu'il n'y en ait qu'autant qu'il y a de points dans la moitié de l'horizon; cependant on a coutume de les compter depuis l'EST au SUD, en continuant par l'OUEST & le NORD, jusqu'à ce que l'on revienne à l'EST. Le 180e vertical qui passe par l'OUEST, est le demi-cercle du premier.

exemple, les deux points de l'EST, ou de l'OUEST, ou du SUD, ou du NORD, &c. Nous opérerons à l'égard de tous les endroits qui se rencontreront sous ces rayons, comme s'ils étoient sur un globe & sous un cercle vertical. Laissant ensuite ces rayons dans le même état, nous pourrons y amener successivement tous les autres points correspondans de l'horizon, & opérer de même pour tous les endroits de la terre, parce qu'alors les rayons représenteront tous les verticaux possibles.

Pour tirer tous ces avantages de la Mappemonde, il faut coller chaque hémisphere coupé, comme il est dit ci-dessus, sur un carton qui soit arrêté par le centre avec un quarré de quelque matiere plus solide, sur laquelle & autour du carton on collera le quarré de papier qui aura été séparé de l'hémisphere & où se trouve l'inscription.

On peut attacher les deux hémispheres sur un quarré oblong de maniere qu'ils se touchent; mais le transport en étant alors difficile pour ceux qui veulent se servir des cadrans, il faut en ce dernier cas avoir deux quarrés séparés, dont les côtés, où l'on veut réunir les points des hémisphères, ne débordent pas le carton.

PROBLÊME XVII.

Trouver la distance de tous les lieux de la terre les uns à l'égard des autres.

POUR résoudre ce problême, il faut distinguer, 1°. les endroits qui sont sous l'équateur; 2°. ceux qui sont sous un même méridien;

3°. ceux qui sont sous un même parallele ; 4° ceux qui sont sous différens paralleles & différens méridiens. A l'égard des premiers, il suffit de savoir combien il y a de degrés entre eux ; & de les multiplier par 25 pour avoir leur distance en lieues communes de France, parce que l'équateur étant un grand cercle, chacun de ses degrés vaut 25 de ces lieues. Observez qu'un endroit ne peut pas être éloigné d'un autre plus de 180^d ou 4500 lieues, quoiqu'il se puisse trouver entre eux un plus grand nombre de degrés de longitude. Il faut opérer de même pour les seconds, parce que chaque degré des méridiens vaut aussi 25 lieues communes de France.

Exemple.

Quito étant à 302^d 15^m, & Para à 320^d de longitude presque sous l'équateur, on peut supposer les 17^d 45^m de différence chacun de 25 lieues, ce qui fait 443 lieues de distance entre ces deux villes.

Dantzic étant à 54^d 22^m de latitude septentrionale, & le Cap de Bonne-Espérance à 33^d 55^m de latitude méridionale, leur différence est de 88^d 17^m, chacun de 25 lieues, parce que ces deux endroits sont sous un même méridien ; ainsi leur distance est de 2207 lieues.

A l'égard des troisiemes, il faut aussi remarquer combien il y a de degrés entre eux pour les multiplier par leur valeur selon la Table VI, supposé que les endroits ne soient pas beaucoup éloignés, ou que l'on veuille suivre le parallele : mais si les endroits sont beaucoup éloignés, & que l'on veuille savoir le plus court chemin, il ne faut pas multiplier les degrés de longitude par la valeur de ceux des paralleles ; la distance seroit trop grande, comme il est expliqué dans l'exemple suivant.

Exemple.

Quebec étant à 307^{d} 41^{m} de longitude, ou 52^{d} 19^{m} à l'occident de l'Isle de Fer, & la Rochelle à 16^{d} 18^{m} à l'Orient de la même Isle, leur différence est de 68^{d} 37^{m}, dont chacun vaut environ 17 lieues & quart, parce que ces deux endroits sont sous le 46e degré 30^{m} de latitude : ainsi leur distance, en suivant le parallele, est environ de 1182 lieues ; mais en droite ligne ces deux villes ne sont pas si éloignées. Pour en juger évidemment, prenez pour exemple Paris & ses Périœciens : en suivant le parallele, vous trouverez que ces deux endroits sont différens en longitude de 180^{d} dont chacun vaut environ 16 lieues & demie, ce qui fait 2970; mais en suivant le méridien, vous trouverez qu'ils ne sont distans que de 82^{d} 18^{m}, dont chaque degré vaut 25 lieues ; ce qui fait 2057 lieues, c'est-à-dire, 913 moins que 2970.

Quant aux quatriemes, il faut savoir s'ils sont sur une ligne droite avec Paris : alors, en y appliquant le rayon, la différence des degrés donnera leur distance, comme on a dit au Problême précédent, &, si Paris se trouvoit entre les deux, il faudroit ajouter ensemble les distances de chacun à Paris : s'ils ne sont pas sur une ligne droite avec Paris, voici deux manieres de trouver leur distance, savoir une géométrique & l'autre arithmétique.

MÉTHODE GÉOMÉTRIQUE.

Exemple pour Paris & Goa.

Décrivez du centre C le cercle AEB d'une grandeur volontaire, que vous prendrez pour le méridien de Paris : menez le diamètre ACB, que vous prendrez pour l'équateur : prenez les arcs AD, BI, égaux chacun à la latitude de Goa, & l'arc AE égal à la latitude de Paris : menez la droite DI, qui représentera le parallele de Goa, sur lequel vous décrirez le demi-cercle DFI, pour y prendre l'arc DF égal à la différence des longitudes de Paris & de Goa : tirez du point F la droite FG perpendiculaire à la ligne DI : & ayant joint la droite CE, tirez-lui du point G la perpendiculaire GH ; & l'arc EH sera égal à l'arc du grand cercle compris entre Paris & Goa ; c'est pourquoi, si l'on convertit les degrés de cet arc EH en lieues, on aura la distance qu'on cherche.

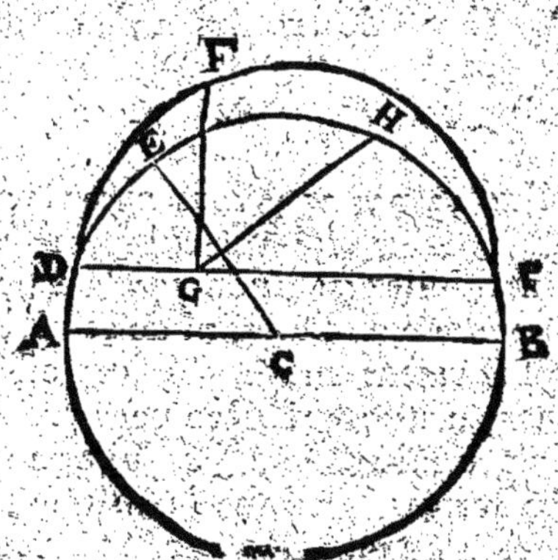

Nota. Les degrés de cet arc EH, ne pouvant pas être mesurés avec grande précision, quand la différence des méridiens ou des paralleles n'est pas considérable, on peut agir comme s'il n'y en avoit point.

Méthode Arithmétique.

Prenez la différence des latitudes : multipliez-la par la valeur en lieues d'un grand cercle, c'est-à-dire, par 25 ; multipliez le produit par lui-même, vous aurez un second produit : prenez ensuite la différence des longitudes : multipliez-la par une valeur en lieues moyenne entre celle des degrés des paralleles respectifs aux différentes latitudes : multipliez-en le produit par lui-même : ajoutez ce second produit au second de la différence des latitudes, la racine quarrée de leur somme vous donnera la distance cherchée.

Exemple pour Paris & Goa.

Paris est à	48^d	51^m de lat.	& à	20^d	0^m de long.
Goa est à	15	31	& à	91	21
leur différ.	33	20	&	71	21

Multipliez 33 par 25, vous aurez pour produit 825, qui multiplié par lui-même produira 680625 : multipliez 71, non par la valeur d'un degré du parallele de Paris, ni de celui de Goa, mais par une valeur moyenne, qui est environ de 20 lieues, vous aurez 1420 pour produit, qui multiplié par lui-même, produira 2016400 : ajoutez les derniers produits de chaque multiplication, savoir 2016400 & 680625, vous aurez

2697025, dont la racine quarrée est 1639, avec un reste de 10704, ce qui fait connoître que de Paris à Goa, il y a 1639 lieues.

33	71	2016400	2,69,70,25 (1639
25	20	680625	169
165	00	2697025	26
66	142		1370
825	1420		323
825	1420		40125
4125	0000		3269
1650	2840		restent 10704
6600	5680		
680625	1420		
	2016400		

On a choisi Paris pour ces deux exemples, afin qu'on puisse confronter & vérifier ces deux méthodes avec celle du Problême précédent.

PROBLÊME XVIII.

Trouver l'heure & orienter l'astrolabe par le moyen des deux cadrans decrits sur l'hémisphere inférieur.

POUR se servir des cadrans, il faudra coller l'hémisphere inférieur sur du bois ou autre matiere solide, pour y attacher le stile, & le poser horizontalement sur une méridienne en tournant le SUD au midi & le NORD au septentrion : alors l'intersection de l'ombre du stile, qui est une ligne perpendiculaire au centre, & du parallele que le soleil parcourt ce jour-là, donnera l'heure présente. Par exemple, si le 30 Avril, jour auquel le soleil parcourt le parallele du 15e degré de déclinaison, l'ombre coupoit ce parallele sur la ligne horaire de 9 heures, il seroit en effet 9 heures; si le 9 Mai l'ombre du stile coupoit le parallele du 17e degré 30m sur la même ligne horaire, il seroit aussi 9 heures; mais parce que l'on n'a pas pu mettre autant de paralleles que de jours, crainte d'une trop grande confusion, il en faut supposer entre eux autant que le soleil met de jours à parvenir de l'un à l'autre; c'est pour cela que l'on a dressé une Table des jours qui répondent à chaque parallele de la torride décrit sur l'hémisphere inférieur. Comme on n'a pas toujours une méridienne tracée pour y poser l'astrolabe, on a ajouté sur la méridienne de celui-ci un cadran horizontal commun, dont le stile est élevé de 48d 51m, & on a tracé une partie de chaque ligne horaire marquée par des chiffres arabes. La propriété de ces deux cadrans sur une même ligne consiste en ce qu'ils ne marquent jamais les deux, en même tems, une même heure, que celle qu'il est quand on la cherche; (excepté midi sur lequel on peut les mettre à toute heure, & l'heure également éloignée de midi que celle que l'on cherche.) Ensorte que si un stile marque sur son cadran une heure différente de l'autre, ils marquent faux tous les deux. Tournez l'astrolabe, vous trouverez un point où les deux marqueront la même heure chacun sur son cadran, & ce sera la véritable. Ainsi ces deux cadrans s'orientent par eux-mêmes, & l'astrolabe avec eux, parce que quand un cadran horizontal marque l'heure véritable, le bout de l'axe, qui touche la plaque, est tournée au SUD. Ceux qui ne voudront pas se servir de ces cadrans, pourront orienter la carte par les autres moyens proposés dans le premier Problême.

Nota.. Les cadrans serviront avec beaucoup de précision 15 ou 20 lieues aux environs de Paris, & dans tous les endroits qui ont une latitude égale à ceux-là, quoique différens en longitude. Ils pourront même servir pour toutes les latitudes: il suffira pour cela de les poser en pente, en élevant au-dessus du niveau le côté du SUD d'autant de degrés que la latitude où l'on voudra opérer sera plus petite que celle de Paris, & si cette latitude est plus grande, il faudra élever le côté du NORD à proportion: mais il faudra toujours conserver le niveau de l'EST à l'OUEST.

PROBLÊME XIX.

Connoissant l'heure qu'il est dans un endroit, trouver celle qu'il est dans tous les autres endroits de la terre.

POUR résoudre ce Problême, remarquez que la différence des heures venant de la différence des longitudes que le soleil parcourt successivement, autant de fois que des peuples comptent 15^{d} de longitude vers l'orient plus que d'autres, autant d'heures ils ont de plus, & que autant de fois que d'autres en comptent 15 vers l'occident, autant d'heures ils ont de moins: ce qui est facile à connoître par les longitudes marquées en degrés & en heures autour de l'horizon & de chaque côté de la méridienne de Paris.

Exemple.

On voit très-facilement que Pékin étant de $94^{d}\ 9^{m}$, c'est-à-dire, 6 fois 15, & $4^{d}\ 9^{m}$ plus à l'orient que Paris, on y compte 6 heures 16^{m} 36^{s} de plus qu'à Paris : ensorte que quand il est midi à cette derniere ville, il est déja 6 heures $16^{m}\ 36^{s}$ du soir à Pékin : on voit que la Martinique étant de 63^{d}, c'est-à-dire, 4 fois 15, & 3^{d} plus à l'occident que Paris, on y compte $4^{h}\ 12^{m}$ moins qu'à Paris : en sorte que quand il est midi à cette derniere ville, il n'est que $7^{h}\ 48^{m}$ du matin à la Martinique. On connoîtra de même quelle heure il étoit à Paris, quand on saura l'heure qu'une chose est arrivée à Pékin ou à la Martinique, & ainsi de tous les autres endroits de la terre, soit entre eux, soit par rapport à Paris.

FIN.

TABLE

TABLE Ire. *Nota.* Le Soleil ne se trouve pas au même point de l'écliptique toutes les années à midi d'un jour proposé ; mais la différence n'étant que de quelques minutes, ou même de quelques secondes, on peut s'en tenir à cette Table, quoique faite pour la derniere année bissextile.

Jours.	1772. Mois.	Signes	Lieu du Soleil à midi. d. m. ſ.	Sa longitude à midi. d. m. ſ.	Sa déclinaison à midi. d. m. ſ.	Distance de l'Equinoxe au Méridien. En temps. h. m. ſ.	En dégrés. d. m. ſ.	Ascension droite. d. m. ſ.	Ascension oblique. d. m. ſ.	Différence ascensionelle. d. m.	Commencem. des Crépus. h. m.	Amplitude orient. d. m.	Lever du Soleil. h. m.	Couch. du Soleil. h. m.	Amplitude occid. d. m.	Fin des Crépuscules. h. m.
					Méridionale.							Est vers le Sud.			Ouest vers le Sud.	
5	Janvier	♑	14 48 31	284 48 31	22 38 33	4 55 40	73 55 0	286 5 0	313 35 0	27 30	5 53	35 10	7 50	4 10	35 7	6 7
10	. . . .	. . .	19 54 19	289 54 19	21 59 16	4 33 48	68 25 0	291 35 0	318 5 0	26 30	5 50	34 6	7 46	4 14	34 2	6 10
15	. . . .	. . .	24 59 53	294 59 53	21 9 18	4 12 11	63 2 45	296 57 15	32[illegible] 12 15	25 15	5 46	32 45	7 41	4 20	32 38	6 12
20	⊙ à 9h 47' matin en	♒	0 5 14	300 5 14	20 9 12	3 50 52	57 43 0	302 17 0	326 17 0	24 0	5 42	31 5	7 36	4 25	30 57	6 18
25	. . . .	. . .	5 10 20	305 10 20	18 59 42	3 29 50	52 27 30	307 32 30	330 2 30	22 30	5 37	29 13	7 30	4 31	29 3	6 23
30	. . . .	. . .	10 14 57	310 14 57	17 41 31	3 9 9	47 17 15	312 42 45	333 12 45	20 30	5 30	27 6	7 22	4 39	26 57	6 29
5	Février	. . .	16 20 3	316 20 3	15 57 24	2 44 47	41 11 45	318 48 15	337 3 15	18 15	5 24	24 20	7 13	4 47	24 9	6 37
10	. . . .	. . .	21 23 41	321 23 41	14 23 7	2 24 50	36 12 30	323 47 30	340 2 30	16 15	5 17	21 52	7 5	4 55	21 39	6 44
15	. . . .	. . .	26 26 36	326 26 36	12 42 53	2 5 16	31 19 0	328 41 0	342 56 0	14 15	5 10	19 15	6 57	5 4	19 2	6 51
19	⊙ à 0h 39' matin en	♓														
20	. . . .	. . .	1 28 44	331 28 44	10 57 37	1 45 59	26 29 45	333 30 15	345 30 19	12 0	5 2	16 31	6 48	5 12	16 18	6 59
25	. . . .	. . .	6 30 10	336 30 10	9 8 5	1 26 58	21 44 30	338 15 30	348 15 30	10 0	4 54	13 43	6 40	5 21	13 28	7 8
29	. . . .	. . .	10 30 52	340 30 52	7 37 54	1 11 55	17 58 45	342 1 15	350 1 15	8 0	4 46	10 50	6 32	5 27	11 9	7 14
5	Mars	. . .	15 31 11	345 31 11	5 42 50	0 53 18	13 19 30	346 40 30	352 40 30	6 0	4 38	8 30	6 24	5 37	8 14	7 23
10	. . . .	. . .	20 30 34	350 30 34	3 45 53	0 34 52	8 43 0	351 17 0	355 2 8	3 45	4 29	5 53	6 15	5 46	5 15	7 32
15	. . . .	. . .	25 29 15	355 29 15	1 47 46	0 16 35	4 8 45	355 51 15	357 21 15	1 30	4 19	2 33	6 6	5 55	2 15	7 42
					Septentrionale.							Est vers le Nord.			Ouest vers le Nord.	
20	⊙ à 1h 10' matin en	♈	0 26 48	0 26 48	0 10 41	23 58 22	359 35 30	0 21 30	359 36 30	0 45	4 9	0 27	5 57	6 4	0 45	7 52
25	. . . .	. . .	5 23 30	5 23 30	2 8 43	23 40 12	355 3 0	4 57 0	1 57 0	3 0	3 58	3 26	5 48	6 13	3 45	8 3
30	. . . .	. . .	10 19 29	10 19 29	4 5 38	23 22 3	350 30 45	9 29 15	4 14 15	5 15	3 47	6 24	5 39	6 22	6 43	8 14
5	Avril	. . .	16 13 40	16 13 40	6 23 22	23 0 13	345 3 15	14 56 45	6 56 45	8 0	3 34	9 56	5 28	6 33	10 14	8 27
10	. . . .	. . .	21 7 52	21 7 52	8 15 11	22 41 57	340 29 15	19 30 45	9 15 45	10 15	3 23	12 48	5 19	6 42	13 7	8 38
15	. . . .	. . .	26 1 11	26 1 11	10 3 36	22 23 32	335 53 0	24 7 0	11 37 0	12 30	3 11	15 36	5 10	6 50	15 55	8 51
19	⊙ à 2h 1' ſoir en	♉														
20	. . . .	. . .	0 53 32	30 53 32	11 47 50	22 4 59	331 14 45	28 45 15	14 15 15	14 30	2 59	18 20	5 2	6 59	18 39	9 3
25	. . . .	. . .	5 45 10	35 45 10	13 27 15	21 46 15	326 33 45	33 26 15	16 56 15	16 30	2 46	20 58	4 54	7 7	21 16	9 16
30	. . . .	. . .	10 36 12	40 36 12	15 1 13	21 27 19	321 49 45	38 10 15	19 40 15	18 30	2 33	23 29	4 46	7 15	23 46	9 29
5	Mai	. . .	15 26 34	45 26 34	16 29 1	21 8 8	317 2 0	42 58 0	22 28 0	20 30	2 19	25 51	4 38	7 23	26 9	9 43
10	. . . .	. . .	20 16 9	50 16 9	17 50 0	20 48 44	312 11 0	47 49 0	25 34 0	22 15	2 5	28 5	4 31	7 30	28 21	9 57
15	. . . .	. . .	25 5 7	55 5 7	19 3 32	20 29 5	307 16 15	52 43 45	28 43 45	24 0	1 50	30 9	4 24	7 37	30 23	10 12
20	⊙ à 2h 44' ſoir en	♊	29 53 34	59 53 34	20 9 1	20 9 13	302 18 15	57 41 45	31 36 45	25 45	1 35	32 0	4 17	7 43	32 14	10 27
25	. . . .	. . .	4 41 23	64 41 23	21 5 58	19 49 6	297 16 30	62 43 30	35 43 30	27 0	1 20	33 39	4 12	7 49	33 51	10 42
30	. . . .	. . .	9 28 56	69 28 56	21 53 50	19 28 47	292 11 45	67 48 15	39 33 15	28 15	1 4	35 3	4 7	7 54	35 13	10 59
5	Juin	. . .	15 13 30	75 13 30	22 38 49	19 4 12	286 3 0	73 57 0	44 27 0	29 30	0 39	36 25	4 2	7 58	36 33	11 24
10	. . . .	. . .	20 0 14	80 0 14	23 5 21	18 43 32	280 53 0	79 7 0	48 52 0	30 15	0 8	37 15	3 59	8 1	37 20	11 57
15	. . . .	. . .	24 46 35	84 46 35	23 21 49	18 24 47	276 11 45	83 48 15	53 3 15	30 45	Les Cré-	37 46	3 57	8 3	37 49	
20	⊙ à 11h 29' ſoir en	♋	29 32 41	89 32 41	23 27 58	18 2 0	270 30 0	89 30 0	58 45 0	30 45	puſcules ſe croiſent	38 1	3 57	8 3	38 1	
25	. . . .	. . .	4 18 45	94 18 45	23 23 47	17 41 13	265 18 15	94 41 45	63 56 45	30 45	depuis le 12 Juin	37 57	3 57	8 3	37 55	
30	. . . .	. . .	9 4 59	99 4 59	23 9 21	17 20 29	260 7 15	99 52 45	69 22 45	30 30	juſq. 30.	37 33	3 58	8 1	37 29	

T ées à midi d'un jour proposé ; mais la différence n'étant que de
tre Table, quoique faite pour la derniere année biſſextile.

Jours.		Aſcenſion oblique.			Différence aſcenſionelle.		Commencem. des Crépuſ.		Amplitude orient.		Lever du Soleil.		Couch. du Soleil.		Amplitude occid.		Fin des Crépuſcules.	
		d.	m.	ſ.	d.	m.	h.	m.	d.	m.	h.	m.	h.	m.	d.	m.	h.	m.
5	Ja	313	35	0	27	30	5	53	35	10	7	50	4	10	35	7	6	7
10	•	318	5	0	26	30	5	50	34	6	7	46	4	14	34	2	6	10
15	•	32[illegible]	12	15	25	15	5	46	32 [Eſt vers le Sud.]	45	7	41	4	20	32 [Oueſt vers le Sud.]	38	6	12
20	⊙	326	17	0	24	0	5	42	31	5	7	36	4	25	30	57	6	18
25	•	330	2	30	22	30	5	37	29	13	7	30	4	31	29	3	6	23
30	•	333	12	45	20	30	5	30	27	6	7	22	4	39	26	57	6	29
5	Fé	337	3	15	18	15	5	24	24	20	7	13	4	47	24	9	6	37
10	•	340	2	30	16	15	5	17	21	52	7	5	4	55	21	39	6	44
15	•	342	56	0	14	15	5	10	19	15	6	57	5	4	19	2	6	51
19	⊙																	
20	•	345	30	19	12	0	5	2	16	31	6	48	5	12	16	18	6	59
25	•	348	15	30	10	0	4	54	13	43	6	40	5	21	13	28	7	8
29	•	350	1	15	8	0	4	46	10	50	6	32	5	27	11	9	7	14
5	M	52	40	30	6	0	4	38	8	30	6	24	5	37	8	14	7	23
10	•	55	2	8	3	45	4	29	5	53	6	15	5	46	5	15	7	32
15	•	57	21	15	1	30	4	19	2	33	6	6	5	55	2	15	7	42
20	⊙	59	36	30	0	45	4	9	0	27	5	57	6	4	0	45	7	52
25	•	1	57	0	3	0	3	58	3 [Eſt vers le Nord.]	26	5	48	6	13	3 [Oueſt vers le Nord.]	45	8	3
30	•	4	14	15	5	15	3	47	6	24	5	39	6	22	6	43	8	14
5	A	6	56	45	8	0	3	34	9	56	5	28	6	33	10	14	8	27
10	•	9	15	45	10	15	3	23	12	48	5	19	6	42	13	7	8	38
15	•	11	37	0	12	30	3	11	15	36	5	10	6	50	15	55	8	51
19	⊙																	
20	•	14	15	15	14	30	2	59	18	20	5	2	6	59	18	39	9	3
25	•	16	56	15	16	30	2	46	20	58	4	54	7	7	21	16	9	16
30	•	19	40	15	18	30	2	33	23	29	4	46	7	15	23	46	9	29
5	M	22	28	0	20	30	2	19	25	51	4	38	7	23	26	9	9	43
10	•	25	34	0	22	15	2	5	28	5	4	31	7	30	28	21	9	57
15	•	28	43	45	24	0	1	50	30	9	4	24	7	37	30	23	10	12
20	⊙	31	36	45	25	45	1	35	32	0	4	17	7	43	32	14	10	27
25	•	35	43	30	27	0	1	20	33	39	4	12	7	49	33	51	10	42
30	•	39	33	15	28	15	1	4	35	3	4	7	7	54	35	13	10	59
5	Ju	44	27	0	29	30	0	39	36	25	4	2	7	58	36	33	11	24
10	•	48	52	0	30	15	0	8	37	15	3	59	8	1	37	20	11	57
15	•	53	3	15	30	45	Les Crépuſcules ſe croiſent depuis le 12 Juin juſq. 30.		37	46	3	57	8	3	37	49		
20	⊙	58	45	0	30	45			38	1	3	57	8	3	38	1		
25	•	53	56	45	30	45			37	57	3	57	8	3	37	55		
30	•	59	22	45	30	30			37	33	3	58	8	1	37	29		

Jours.	1772. Mois.		Différence aſcenſionelle.		Commencem. des Crépuſ.		Amplitude orient.		Lever du Soleil.		Couch. du Soleil.		Amplitude occid.		Fin des Crépuſcules.	
		ſ.	d.	m.	h.	m.	d.	m.	h.	m.	h.	m.	d.	m.	h.	m.
5	Juillet.	30	29	45	0	18	36	41 Eſt vers le Nord.	4	1	7	59	36	46 Oueſt vers le Nord.	11	27
10	. . . . .	5	29	0	0	46	35	53	4	4	7	55	35	48	11	8
15	. . . . .	0	28	0	1	5	34	38	4	8	7	50	34	32	10	50
20	. . . . .	5	26	30	1	22	32	53	4	14	7	46	33	2	10	34
22	⊙ à 10h 18′															
25	. . . . .	5	25	15	1	37	31	28	4	19	7	39	31	18	10	19
30	. . . . .	0	23	30	1	52	29	34	4	26	7	33	29	21	10	5
5	Août . .	5	21	30	2	10	27	11	4	34	7	23	26	49	9	48
10	. . . . .	0	19	30	2	26	24	40	4	42	7	17	24	30	9	34
15	. . . . .	5	17	30	2	37	22	14	4	50	7	9	22	5	9	21
20	. . . . .	5	15	30	2	50	19	40	4	58	7	1	19	31	9	8
22	⊙ à 4h 12′															
25	. . . . .	5	13	30	3	3	17	0	5	6	6	51	16	51	8	56
30	. . . . .	5	11	15	3	15	14	6	5	15	6	44	14	7	8	44
5	Septembre.	5	8	45	3	29	10	53	5	25	6	32	10	43	8	30
10	. . . . .	0	6	30	3	41	8	4	5	34	6	25	7	50	8	18
15	. . . . .	0	4	15	3	51	5	4	5	43	6	16	4	55	8	8
20	. . . . .	0	2	0	4	2	2	6	5	52	6	7	1	57	7	57
22	⊙ à 0h 57′															
25	. . . . .	0	0	15	4	12	0	15 Eſt vers le Sud.	6	1	5	58	1	2 Oueſt vers le Sud.	7	47
30	. . . . .	0	2	30	4	22	3	53	6	10	5	49	3	59	7	37
5	Octobre .	5	4	45	4	31	7	15	6	19	5	40	6	56	7	28
10	. . . . .	5	7	0	4	40	9	50	6	28	5	31	9	51	7	19
15	. . . . .	5	9	0	4	49	12	30	6	36	5	21	13	43	7	10
20	. . . . .	0	11	15	4	57	15	28	6	45	5	13	15	32	7	2
22	⊙ à 8h 45′															
25	. . . . .	0	13	30	5	5	18	12	6	54	5	5	18	16	6	54
30	. . . . .	0	15	30	5	13	20	48	7	2	4	57	20	54	6	45
5	Novembre	5	18	0	5	22	24	0	7	12	4	47	23	54	6	37
10	. . . . .	5	19	45	5	28	26	10	7	19	4	39	26	14	6	30
15	. . . . .	5	21	45	5	34	28	0	7	27	4	32	28	24	6	25
20	. . . . .	5	23	30	5	41	30	25	7	34	4	26	30	23	6	20
21	⊙ à 4h 53															
25	. . . . .	5	24	45	5	45	32	5	7	39	4	21	32	6	6	15
30	. . . . .	5	26	0	5	49	33	38	7	44	4	16	33	35	6	11
5	Décembre.	5	27	15	5	52	34	54	7	49	4	11	34	48	6	8
10	. . . . .	0	28	0	5	55	35	42	7	52	4	8	35	40	6	5
15	. . . . .	5	28	30	5	57	36	14	7	54	4	6	36	15	6	4
20	. . . . .	5	28	45	5	57	36	30	7	55	4	5	36	30	6	3
21	⊙ à 5h 10′															
25	. . . . .	5	28	45	5	57	36	30	7	55	4	5	36	23	6	3
30	. . . . .	5	28	15	5	55	35	58	7	53	4	8	35	55	6	5

SUITE DE LA PREMIERE TABLE.

Jours.	1772. Mois.	Signes	Lieu du Soleil à midi. d. m. s.	Sa longitude à midi. d. m. s.	Sa déclinaison à midi. d. m. s.	Distance de l'Equinoxe au Méridien. En temps. h. m. s.	Distance de l'Equinoxe au Méridien. En degrés. d. m. s.	Ascension droite du Soleil. d. m. s.	Ascension oblique du Soleil. d. m. s.	Difference ascensionelle. d. m.	Commencem. des Crépusc. h. m.	Amplitude orient. d. m.	Lever du Soleil. h. m.	Couch. du Soleil. h. m.	Amplitude occid. d. m.	Fin des Crépuscules. h. m.
					Septentrionale.							Est vers le Nord.			Ouest vers le Nord.	
5	Juillet.		13 51 0	103 51 0	22 44 42	16 59 50	254 57 30	105 2 30	75 17 30	29 45	0 18	36 41	4 2	7 59	36 46	11 27
10			18 36 59	108 36 59	22 10 17	16 39 21	249 50 15	110 9 45	81 9 45	29 0	0 46	35 53	4 4	7 55	35 48	11 8
15			23 23 3	113 23 3	21 26 21	16 19 4	244 45 0	115 15 0	87 15 0	28 0	1 5	34 38	4 8	7 50	34 52	10 50
20			28 9 22	118 9 22	20 33 15	15 58 57	239 44 15	120 15 45	93 45 45	26 30	1 22	32 53	4 14	7 46	33 2	10 34
21	⊙ à 10h 18' mat. en	♌														
25			2 56 1	122 56 1	19 31 33	15 39 5	234 46 15	125 13 45	99 58 45	25 15	1 37	31 28	4 19	7 39	31 18	10 19
30			7 43 6	127 43 6	18 6 47	15 19 28	229 52 0	130 8 0	106 38 0	23 30	1 52	29 34	4 26	7 33	29 21	10 5
5	Août		12 28 1	133 28 1	16 47 59	14 56 15	224 3 45	135 56 15	114 26 15	21 30	2 10	27 11	4 34	7 23	26 49	9 48
10			18 15 50	138 15 50	15 22 21	14 37 10	219 17 30	140 42 30	121 12 30	19 30	2 26	24 40	4 42	7 17	24 30	9 34
15			23 4 8	143 4 8	13 50 36	14 18 21	214 35 15	145 24 45	127 54 45	17 30	2 37	22 14	4 50	7 9	22 5	9 21
20			27 53 5	147 53 5	12 13 18	13 59 43	209 55 45	150 4 15	134 34 15	15 30	2 50	19 40	4 58	7 1	19 31	9 8
21	⊙ à 4h 12' soir en	♍														
25			2 42 58	152 42 58	10 31 10	13 41 17	205 19 15	154 40 45	141 10 45	13 30	3 3	17 0	5 6	6 51	16 51	8 56
30			7 33 4	157 33 4	8 23 6	13 19 23	199 50 45	160 9 15	148 54 15	11 15	3 15	14 6	5 13	6 44	14 7	8 44
5	Septembre.		13 22 12	163 22 12	6 32 39	13 1 17	195 19 15	164 40 45	155 55 45	8 45	3 29	10 53	5 25	6 32	10 43	8 30
10			18 13 55	168 13 55	4 39 30	12 43 16	190 49 0	169 11 0	162 41 0	6 30	3 41	8 4	5 34	6 25	7 50	8 18
15			23 6 26	173 6 26	2 44 17	12 25 18	186 19 30	173 40 30	169 25 30	4 15	3 51	5 4	5 43	6 16	4 55	8 8
20			27 59 50	177 59 50	0 47 46	12 7 20	181 50 0	178 10 0	176 10 0	2 0	4 2	2 6	5 52	6 7	1 57	7 57
22	⊙ à 0h 57' soir en	♎			Méridionale.							Est vers le Sud.			Ouest vers le Sud.	
25			2 54 13	182 54 13	1 9 25	11 49 20	177 20 0	182 40 0	182 55 0	0 15	4 12	0 15	6 1	5 58	1 2	7 47
30			7 49 28	187 49 28	3 6 26	11 31 16	172 49 0	187 11 0	189 41 0	2 30	4 22	3 53	6 10	5 49	3 59	7 37
5	Octobre		12 45 24	192 45 24	5 2 40	11 13 5	168 16 15	191 43 45	196 28 45	4 45	4 31	7 15	6 19	5 40	6 56	7 28
10			17 42 6	197 42 6	6 57 17	10 54 43	163 40 45	196 19 15	203 19 15	7 0	4 40	9 50	6 28	5 31	9 51	7 19
15			22 39 43	202 39 43	8 49 35	10 36 10	159 2 45	200 57 15	209 57 15	9 0	4 49	12 30	6 36	5 21	13 43	7 10
20			27 38 14	207 38 14	10 38 46	10 17 22	154 20 30	205 39 30	216 54 30	11 15	4 57	15 28	6 45	5 13	15 32	7 2
22	⊙ à 8h 45' soir en	♏														
25			2 37 45	212 37 45	12 23 58	9 58 18	149 34 30	210 25 30	223 55 30	13 30	5 5	18 22	6 54	5 5	18 16	6 54
30			7 38 3	217 38 3	14 4 23	9 38 56	144 44 0	215 16 0	230 46 0	15 30	5 13	20 48	7 2	4 57	20 54	6 45
5	Novembre		13 39 14	223 39 14	16 57 21	9 15 15	138 48 45	221 11 15	239 11 15	18 0	5 22	24 0	7 12	4 47	23 54	6 37
10			18 41 8	228 41 8	17 24 15	8 55 7	133 46 45	226 13 15	245 58 15	19 45	5 28	26 10	7 19	4 39	26 14	6 30
15			23 43 39	233 43 39	18 43 38	8 34 39	128 39 45	231 20 15	253 5 15	21 45	5 34	28 0	7 27	4 32	28 24	6 25
20			28 46 43	238 46 43	19 54 39	8 13 48	123 17 45	236 42 15	260 12 15	23 30	5 41	30 25	7 34	4 26	30 23	6 20
21	⊙ à 4h 53' soir en	♐														
25			3 50 38	243 50 38	20 56 37	7 52 39	118 9 45	241 50 15	266 35 15	24 45	5 45	32 5	7 39	4 21	32 6	6 15
30			8 55 0	248 55 0	21 48 45	7 31 11	112 47 45	247 12 15	273 12 15	26 0	5 49	33 38	7 44	4 16	33 35	6 11
5	Décembre.		13 59 47	253 59 47	22 30 26	7 9 27	107 21 45	252 38 15	279 53 15	27 15	5 52	34 54	7 49	4 11	34 48	6 8
10			19 4 50	259 4 50	23 1 3	6 47 30	101 52 30	258 7 30	286 7 30	28 0	5 55	35 42	7 52	4 8	35 40	6 5
15			24 10 14	264 10 14	23 20 16	6 25 23	96 20 45	263 29 15	291 59 15	28 30	5 57	36 14	7 54	4 6	36 15	6 4
20			29 16 0	269 16 0	23 27 53	6 3 11	90 47 45	269 12 15	297 57 15	28 45	5 57	36 30	7 55	4 5	36 30	6 3
21	⊙ à 5h 10' matin en	♑														
25			4 21 59	274 21 59	23 23 40	5 40 57	85 14 15	274 45 45	303 30 45	28 45	5 57	36 30	7 55	4 5	36 23	6 3
30			9 28 3	279 28 3	23 3 8	5 18 47	79 41 45	280 18 15	308 33 15	28 15	5 55	35 58	7 53	4 8	35 55	6 5

TABLE II.

Hauteurs du Soleil à toutes les heures du jour, de 10 en 10 degrés de chaque Signe, avec les jours des mois qui y répondent, pour la latitude de Paris. 48 d. 51'; le complément est la distance du Soleil au Zénith.

Heures.		XII.	XI. I.	X. II.	IX. III.	VIII. IV.	VII. V.	VI. VI.	V. VII.	Heures.	
Mois.	S.	d. m.	d. m.	d. m.	d. m.	d. m.	d. m.	d. m.	d. m.	S.	Mois.
J. 20	♋	64 37	61 59	55 20	46 37	36 59	27 28	17 27	8 15	♋	20 J.
J. 1	10	64 15	61 39	55 2	46 21	36 44	26 53	17 11	7 58	20	10 J.
11	20	63 8	60 37	54 7	45 31	35 56	26 6	16 22	7 7	10	31
22	♌	61 29	58 55	52 37	44 9	34 39	24 49	15 3	5 44	♊	20
A. 2	10	58 55	56 37	50 34	42 18	32 53	23 5	13 17	3 52	20	10 M.
12	20	55 59	54 49	48 2	39 59	30 43	20 57	11 7	1 36	10	30
22	♍	52 38	50 36	45 6	37 18	28 11	18 28	8 37	. . .	♉	19
S. 2	10	48 59	47 5	41 51	34 18	25 22	15 45	5 53	. . .	20	9 A.
12	20	45 7	43 20	38 21	31 5	22 21	12 50	2 59	. . .	10	30
22	♎	41 9	39 28	34 44	27 44	19 13	9 48	. . .	. . .	♈	20
O. 3	10	27 11	35 35	31 5	24 20	16 2	6 46	. . .	. . .	20	10
13	20	33 19	31 48	27 31	21 0	12 54	3 48	. . .	. . .	10	1 M.
22	♏	29 40	28 14	24 7	17 50	9 56	0 59	. . .	. . .	♓	19
N. 2	10	26 19	24 56	20 59	14 54	7 12	. . .	. . .	. . .	20	9 F.
12	20	23 23	22 3	18 14	12 19	4 47	. . .	. . .	. . .	10	30
21	♐	20 58	19 41	15 58	10 12	2 48	. . .	. . .	. . .	♒	20
D. 1	10	19 10	17 55	14 16	8 36	1 20	. . .	. . .	. . .	20	11
11	20	18 3	16 49	13 13	7 37	0 25	. . .	. . .	. . .	10	1 J.
21	♑	17 41	16 27	12 53	7 18	0 6	. . .	. . .	. . .	♑	21

TABLE III.

Verticaux du Soleil depuis le Méridien, à chaque heure du jour, pour la latitude de Paris. 48 d. 51'.

Heures.	XI. I.	X. II.	IX. III.	VIII. IV.	VII. V.	VI. VI.	V. VII.	IV. VIII.
Signes.	d. m.	d. m.	d. m.	d. m.	d. m.	d. m.	d. m.	d. m.
♋	30 17	53 40	70 30	83 57	95 20	105 56	116 28	127 26
♌ ♊	27 58	50 33	67 34	81 6	92 45	103 35	114 56	
♍ ♉	23 30	43 52	60 29	74 17	86 21	97 36		
♎ ♈	19 33	37 25	52 50	66 57	78 34			
♏ ♓	16 42	32 25	46 30	59 28	71 12			
♐ ♒	14 56	29 11	42 23	54 26				
♑	14 19	28 2	40 48					

TABLE IV.

Arcs sémi-diurnes pour la déclinaison Septentrionale.

Déclin. des Astres.	Latitudes ou hauteurs du Pole.							
	5	10	15	20	25	30	35	40
Degrés.	h. m	h. m.	h. m.	h. m.	h. m.	h. m.	h. m.	h. m.
1	6 2	6 3	6 3	6 4	6 4	6 5	6 5	6 6
2	6 13	6 4	6 4	6 5	6 6	6 7	6 8	6 9
3	6 3	6 4	6 5	6 7	6 8	6 9	6 11	6 13
4	6 4	6 5	6 6	6 8	6 10	6 11	6 14	6 16
5	6 4	6 6	6 8	6 10	6 12	6 14	6 17	6 20
6	6 5	6 7	6 9	6 11	6 14	6 16	6 19	6 23
7	6 5	6 7	6 10	6 12	6 16	6 19	6 22	6 26
8	6 6	6 8	6 11	6 14	6 18	6 21	6 25	6 30
9	6 6	6 9	6 12	6 15	6 20	6 23	6 28	6 33
10	6 7	6 9	6 13	6 17	6 22	6 26	6 31	6 37
11	6 7	6 10	6 14	6 19	6 24	6 28	6 34	6 40
12	6 8	6 11	6 15	6 20	6 26	6 31	6 37	6 44
13	6 8	6 12	6 16	6 22	6 28	6 33	6 40	6 48
14	6 8	6 12	6 18	6 23	6 29	6 36	6 43	6 51
15	6 9	6 13	6 19	6 25	6 31	6 38	6 46	6 55
16	6 9	6 14	6 20	6 26	6 33	6 41	6 49	6 59
17	6 9	6 15	6 21	6 28	6 35	6 43	6 52	7 2
18	6 10	6 15	6 22	6 30	6 37	6 46	6 55	7 6
19	6 10	6 16	6 23	6 31	6 39	6 48	6 59	7 10
20	6 10	6 17	6 25	6 33	6 42	6 51	7 2	7 14
21	6 10	6 18	6 26	6 35	6 44	6 54	7 5	7 18
22	6 10	6 19	6 27	6 36	6 46	6 57	7 9	7 22
23	6 10	6 19	6 28	6 38	6 48	6 59	7 12	7 27
23d 28m	6 11	6 20	6 29	6 39	6 49	7 0	7 14	7 29
24	6 11	6 20	6 30	6 40	6 51	7 2	7 16	7 31
25	6 11	6 21	6 31	6 42	6 53	7 5	7 19	7 35
26	6 11	6 22	6 32	6 43	6 55	7 8	7 23	7 40
27	6 12	6 23	6 34	6 45	6 58	7 11	7 27	7 45
28	6 12	6 24	6 35	6 47	7 0	7 14	7 31	7 49
29	6 12	6 25	6 37	6 49	7 3	7 18	7 35	7 54
30	6 13	6 26	6 38	6 51	7 5	7 21	7 39	8 0
31	6 13	6 27	6 40	6 53	7 8	7 24	7 43	8 5
32	6 13	6 28	6 41	6 55	7 11	7 28	7 47	8 10

SUITE DE LA TABLE IV.

Arcs sémi-diurnes pour la déclinaison Méridionale.

Déclin. des Astres.	Latitudes ou hauteurs du Pole.							
	5	10	15	20	25	30	35	40
Degrés.	h. m.	h. m.	h. m.	h. m.	h. m.	h. m.	h. m.	h. m.
1	6 2	6 1	6 1	6 1	6 0	6 0	6 0	5 59
2	6 1	6 1	6 0	5 59	5 59	5 58	5 57	[illegible] 56
3	6 1	6 0	5 59	5 58	5 57	5 55	5 54	5 53
4	6 1	5 59	5 58	5 56	5 55	5 53	5 51	5 49
5	6 0	5 59	5 57	5 56	5 53	5 51	5 49	5 46
6	6 0	5 58	5 56	5 53	5 51	5 49	5 46	5 43
7	6 0	5 57	5 55	5 52	5 49	5 46	5 43	5 39
8	5 59	5 56	5 54	5 51	5 47	5 44	5 40	5 36
9	5 59	5 56	5 52	5 49	5 45	5 41	5 37	5 32
10	5 59	5 55	5 51	5 48	5 43	5 39	5 34	5 29
11	5 58	5 54	5 50	5 46	5 42	5 37	5 31	5 25
12	5 58	5 54	5 49	5 45	5 40	5 35	5 28	5 22
13	5 57	5 53	5 48	5 43	5 38	5 32	5 25	5 18
14	5 57	5 52	5 47	5 41	5 36	5 29	5 22	5 15
15	5 57	5 51	5 46	5 40	5 34	5 27	5 19	5 11
16	5 56	5 51	5 45	5 38	5 32	5 24	5 16	5 7
17	5 56	5 50	5 43	5 37	5 30	5 22	5 13	5 4
18	5 56	5 49	5 42	5 35	5 28	5 19	5 10	4 59
19	5 55	5 48	5 41	5 34	5 26	5 17	5 7	4 56
20	5 55	5 48	5 40	5 32	5 24	5 14	5 4	4 52
21	5 55	5 47	5 39	5 30	5 21	5 11	5 1	4 48
22	5 54	5 46	5 38	5 29	5 19	5 9	4 57	4 44
23	5 54	5 45	5 36	5 27	5 17	5 6	4 54	4 40
23d28m	5 54	5 45	5 36	5 26	5 16	5 4	4 52	4 38
24	5 53	5 44	5 35	5 25	5 15	5 3	4 50	4 35
25	5 53	5 43	5 34	5 24	5 12	5 0	4 47	4 31
26	5 53	5 43	5 32	5 22	5 10	4 57	4 43	4 27
27	5 52	5 42	5 31	5 20	5 8	4 54	4 39	4 22
28	5 52	5 41	5 30	5 18	5 5	4 51	4 36	4 17
29	5 51	5 40	5 28	5 16	5 3	4 48	4 32	4 13
30	5 51	5 39	5 27	5 14	5 0	4 45	4 28	4 8
31	5 50	5 38	5 26	5 12	4 58	4 42	4 24	4 3
32	5 50	5 37	5 24	5 10	4 55	4 38	4 19	3 57

SUITE DE LA TABLE IV.

Arcs sémi-diurnes pour la déclinaison Septentrionale.

Déclin. des Astres.	Latitudes ou hauteurs du Pole						
	42	44	46	48 d. 51'	50	55	60
Degrés.	h. m.	h. m.	h. m.	h. m. s.	h. m.	h. m.	h. m.
1	6 6	6 7	6 7	6 8 0	6 8	6 9	6 11
2	6 10	6 11	6 11	6 12 0	6 13	6 13	6 18
3	6 14	6 15	6 15	6 17 0	6 18	6 21	6 25
4	6 17	6 18	6 20	6 21 50	6 22	6 27	6 32
5	6 21	6 22	6 24	6 25 50	6 27	6 32	6 39
6	6 25	6 26	6 28	6 30 50	6 32	6 38	6 46
7	6 28	6 30	6 32	6 35 40	6 37	6 44	6 53
8	6 32	6 34	6 37	6 40 40	6 42	6 50	7 1
9	6 36	6 38	6 41	6 44 50	6 47	6 56	7 8
10	6 39	6 42	6 45	6 49 40	6 52	7 2	7 16
11	6 43	6 46	6 50	6 54 40	6 57	7 8	7 23
12	6 47	6 50	6 55	6 39 40	7 2	7 15	7 31
13	6 51	6 55	6 59	7 4 40	7 7	7 21	7 39
14	6 55	6 59	7 3	7 9 40	7 13	7 28	7 47
15	6 59	7 3	7 8	7 14 40	7 18	7 34	7 56
16	7 3	7 7	7 12	7 20 30	7 24	7 41	8 4
17	7 7	7 12	7 17	7 25 30	7 29	7 48	8 13
18	7 11	7 16	7 22	7 30 30	7 35	7 55	8 22
19	7 15	7 21	7 27	7 36 30	7 41	8 2	8 32
20	7 20	7 26	7 32	7 42 20	7 47	8 10	8 42
21	7 24	7 30	7 37	7 48 20	7 53	8 18	8 53
22	7 29	7 35	7 43	7 54 10	7 59	8 25	9 4
23	7 33	7 40	7 48	8 0 10	8 6	8 34	9 16
23d 28m	7 35	7 42	7 50	8 3 0	8 9	8 38	9 22
24	7 38	7 45	7 54	8 6 0	8 12	8 43	9 29
25	7 43	7 51	7 59	8 13 0	8 19	8 53	9 44
26	7 48	7 56	8 5	8 20 0	8 27	9 2	10 0
27	7 53	8 2	8 12	8 27 0	8 34	9 13	10 18
28	7 58	8 7	8 18	8 34 0	8 42	9 24	10 42
29	8 4	8 13	8 24	8 42 0	8 50	9 36	11 16
30	8 9	8 20	8 31	8 50 40	8 59	9 50	
31	8 15	8 26	8 38	8 58 40	9 9	10 5	
32	8 21	8 33	8 46	9 7 40	9 19	10 23	

SUITE DE LA TABLE IV.

Arcs sémi-diurnes pour la déclinaison Méridionale.

Déclin. des Astres.	Latitudes ou hauteurs du Pole.						
	42	44	46	48 d. 51′	50	55	60
Degrés.	h. m.	h. m.	h. m.	h. m. s.	h. m.	h. m.	h. m.
1	5 59	5 59	5 59	5 59 0	5 59	5 58	5 57
2	5 56	5 55	5 55	5 54 0	5 54	5 52	5 50
3	5 52	5 51	5 51	5 49 10	5 49	5 47	5 43
4	5 48	5 47	5 46	5 45 9	5 44	5 41	5 36
5	5 45	5 44	5 42	5 40 10	5 39	5 35	5 29
6	5 41	5 49	5 38	5 35 10	5 35	5 29	5 22
7	5 37	5 36	5 34	5 31 10	5 30	5 23	5 15
8	5 34	5 32	5 30	5 26 10	5 25	5 17	5 8
9	5 31	5 28	5 25	5 21 20	5 20	5 12	5 1
10	5 28	5 24	5 21	5 17 20	5 15	5 5	4 53
11	5 23	5 20	5 17	5 12 20	5 10	4 59	4 46
12	5 19	5 16	5 12	5 7 20	5 5	4 53	4 38
13	5 15	5 12	5 8	5 2 20	5 0	4 47	4 30
14	5 11	5 7	5 3	4 57 20	4 54	4 41	4 23
15	5 7	5 3	4 59	4 52 20	4 49	4 34	4 14
16	5 3	4 59	4 54	4 46 30	4 45	4 27	4 6
17	4 59	4 55	4 50	4 41 30	4 38	4 21	3 57
18	4 55	4 50	4 45	4 36 30	4 33	4 14	3 49
19	4 51	4 46	4 40	4 30 40	4 27	4 7	3 40
20	4 47	4 41	4 35	4 25 40	4 21	3 59	3 29
21	4 42	4 36	4 30	4 19 40	4 15	3 52	3 19
22	4 38	4 32	4 25	4 13 40	4 9	3 44	3 9
23	4 33	4 27	4 19	4 7 40	4 3	3 36	2 57
23d 28m	4 31	4 25	4 16	4 4 20	4 0	3 32	2 51
24	4 29	4 22	4 14	4 1 40	3 56	3 27	2 45
25	4 24	4 17	4 8	3 54 50	3 49	3 18	2 32
26	4 19	4 11	4 3	3 48 50	3 42	3 9	2 18
27	4 14	4 6	3 57	3 41 50	3 35	2 59	2 2
28	4 9	4 0	3 50	3 35 50	3 28	2 49	1 43
29	4 4	3 54	3 44	3 27 10	3 20	2 37	1 21
30	3 59	3 48	3 37	3 19 10	3 11	2 25	
31	3 53	3 42	3 31	3 11 10	3 3	2 12	
32	3 47	3 36	3 23	3 3 10	2 53	1 57	

TABLE V.

Amplitudes Septentrionales.

Déclin. des Astres.	Latitudes ou hauteurs du Pole.															
	5		10		15		20		25		30		35		40	
Degrés.	d.	m.	d.	m.	d.	m.	d.	m.	d.	m.	d.	m.	d.	m.	d.	m.
1	1	3	1	7	1	11	1	16	1	21	1	28	1	36	1	45
2	2	3	2	7	2	13	2	19	2	27	2	37	2	49	3	4
3	3	3	3	8	3	15	3	23	3	34	3	46	4	2	4	22
4	4	4	4	9	4	17	4	27	4	40	4	56	5	16	5	40
5	5	4	5	10	5	19	5	31	5	46	6	5	6	29	6	59
6	6	4	6	11	6	21	6	35	6	52	7	15	7	42	8	18
7	7	4	7	12	7	24	7	39	7	59	8	24	8	56	9	37
8	8	5	8	13	8	26	8	43	9	5	9	34	10	10	10	55
9	9	5	9	14	9	28	9	47	10	12	10	43	11	24	12	14
10	10	5	10	15	10	30	10	51	11	18	11	53	12	37	13	34
11	11	5	11	16	11	32	11	55	12	24	13	2	13	51	14	53
12	12	6	12	17	12	34	12	59	13	31	14	12	15	5	16	13
13	13	6	13	18	13	37	14	3	14	38	15	22	16	20	17	33
14	14	6	14	19	14	39	15	7	15	44	16	32	17	34	18	53
15	15	6	15	20	15	42	16	11	16	51	17	43	18	49	20	14
16	16	7	16	21	16	44	17	15	17	58	18	53	20	4	21	34
17	17	7	17	22	17	46	18	20	19	5	20	4	21	19	22	55
18	18	7	18	23	18	48	19	24	20	12	21	14	22	34	24	17
19	19	7	19	24	19	51	20	29	21	19	22	25	23	50	25	39
20	20	8	20	25	20	53	21	33	22	26	23	36	25	6	27	1
21	21	8	21	26	21	56	22	38	23	34	24	47	26	22	28	24
22	22	8	22	28	22	59	23	42	24	42	25	58	27	38	29	47
23	23	8	23	29	24	1	24	47	25	49	27	10	28	55	31	11
24	24	9	24	30	25	4	25	52	26	56	28	22	30	12	32	36
25	25	9	25	31	26	6	26	57	28	5	29	34	31	30	34	1
26	26	10	26	32	27	9	28	2	29	13	30	46	32	48	35	27
27	27	10	27	34	28	12	29	7	30	31	31	59	34	6	36	54
28	28	10	28	35	29	15	30	12	31	29	33	12	35	26	38	22
29	29	11	29	36	30	18	31	17	32	38	34	25	36	45	39	51
30	30	11	30	38	31	20	32	23	33	47	35	39	38	6	41	20
31	31	11	31	39	32	23	33	28	34	56	36	52	39	26	42	51
32	32	12	32	40	33	27	34	34	36	5	38	7	40	48	44	24

SUITE DE LA TABLE V.

Amplitudes Méridionales.

Déclin. des Astres.	Latitudes ou hauteurs du Pole.							
	5	10	15	20	25	30	35	40
Degrés.	d. m.	d. m.	d. m.	d. m.	d. m.	d. m.	d. m.	d. m.
1	0 57	0 55	0 53	0 52	0 51	0 51	0 51	0 52
2	1 58	1 56	1 56	1 56	1 58	2 0	2 4	2 10
3	2 58	2 57	2 58	3 0	3 4	3 9	3 17	3 28
4	3 58	3 58	4 0	4 4	4 10	4 17	4 30	4 46
5	4 58	4 59	5 2	5 8	5 16	5 28	5 44	6 5
6	5 59	6 1	6 4	6 11	6 12	6 34	6 57	7 24
7	6 59	7 2	7 6	7 15	7 29	7 47	8 11	8 42
8	7 59	8 3	8 8	8 19	8 35	8 55	9 24	10 1
9	8 59	9 4	9 10	9 23	9 41	10 6	10 38	11 20
10	9 59	10 5	10 13	10 27	10 48	11 15	11 51	12 39
11	11 0	11 6	11 15	11 31	11 54	12 25	13 5	13 58
12	12 0	12 7	12 17	12 35	13 0	13 34	14 19	15 17
13	13 0	13 8	13 19	13 39	14 7	14 44	15 33	16 36
14	14 1	14 10	14 21	14 43	15 14	15 54	16 47	17 56
15	15 1	15 11	15 24	15 47	16 20	17 4	18 2	19 16
16	16 1	16 12	16 26	16 51	17 27	18 14	19 16	20 36
17	17 1	17 13	17 28	17 55	18 33	19 24	20 31	21 57
18	18 2	18 14	18 30	19 0	19 40	20 35	21 46	23 18
19	19 2	19 15	19 33	20 4	20 47	21 45	23 1	24 39
20	20 2	20 17	20 35	21 8	21 54	22 56	24 16	26 1
21	21 2	21 18	21 38	22 12	23 1	24 6	25 32	27 23
22	22 2	22 19	22 40	23 17	24 9	25 17	26 48	28 46
23	23 2	23 21	23 42	24 21	25 16	26 28	28 4	30 9
24	24 3	24 22	24 45	25 26	26 23	27 40	29 20	31 33
25	25 3	25 23	25 47	26 31	27 31	28 51	30 38	32 57
26	26 3	26 24	26 50	27 36	28 39	30 3	31 55	34 22
27	27 4	27 26	27 53	28 40	29 46	31 16	33 13	35 47
28	28 4	28 27	28 55	29 45	30 54	32 28	34 31	37 14
29	29 4	29 29	29 58	30 50	32 2	33 40	35 50	38 41
30	30 4	30 30	31 6	31 55	33 11	34 54	37 8	40 10
31	31 4	31 32	32 3	33 0	34 20	36 7	38 29	41 39
32	32 4	32 33	33 6	34 6	35 29	37 20	39 49	43 9

SUITE DE LA TABLE V.

Amplitudes Septentrionales.

Déclin. des Astres.	Latitudes ou hauteurs du Pole.						
	42	44	46	48 51 m.	50	55	60
Degrés.	d. m.	d. m.	d. m.	d. m. ſ.	d. m.	d. m.	d. m.
1	1 50	1 54	2 0	2 7 30	2 12	2 30	2 56
2	3 10	3 18	3 26	2 39 10	3 45	4 15	4 56
3	4 31	4 41	4 53	5 10 0	5 18	6 0	6 56
4	5 52	6 5	6 20	6 41 40	6 52	7 45	8 57
5	7 13	7 29	7 46	8 13 20	8 26	9 31	10 59
6	8 34	8 53	9 13	9 45 0	10 0	11 16	13 1
7	9 56	10 50	10 40	11 17 40	11 35	13 3	15 4
8	11 17	11 41	12 7	12 49 40	13 9	14 50	17 8
9	12 39	13 5	13 35	14 23 0	14 45	16 37	19 12
10	14 0	14 30	15 3	15 55 40	16 20	18 26	21 19
11	15 23	15 55	16 31	17 29 20	17 56	20 14	23 26
12	16 45	17 26	18 0	19 4 0	19 33	22 4	25 36
13	18 8	18 46	19 29	20 37 40	21 10	23 55	27 47
14	19 31	20 12	20 58	22 13 20	22 48	25 47	30 0
15	20 54	21 38	22 28	23 49 0	24 26	27 41	32 16
16	22 17	23 5	23 59	25 25 30	26 6	29 36	34 34
17	23 42	24 33	25 30	27 2 30	27 46	31 32	36 56
18	25 6	26 1	27 2	28 41 40	29 28	33 31	39 22
19	26 31	27 29	28 35	30 21 20	31 10	35 31	41 51
20	27 57	28 59	30 8	32 1 20	32 54	37 34	44 27
21	29 23	30 29	31 42	33 43 40	34 39	39 39	47 8
22	30 50	31 59	33 18	35 26 0	36 26	41 48	49 56
23	32 17	33 31	34 54	37 10 30	38 14	43 59	52 54
24	33 46	35 3	36 31	38 57 0	40 5	46 16	56 4
25	35 15	36 37	38 10	40 45 0	41 57	48 36	59 28
26	36 45	38 12	39 51	42 35 30	43 53	51 2	63 14
27	38 50	39 48	41 33	44 28 0	45 50	53 36	67 32
28	39 40	41 26	43 16	46 23 0	47 52	56 17	72 46
29	41 22	43 5	45 2	48 21 0	49 56	59 9	80 20
30	42 57	44 45	46 50	50 23 0	52 5	62 16	
31	44 33	46 28	48 41	52 29 0	54 20	65 41	
32	46 11	48 13	50 33	54 40 0	56 40	69 35	

SUITE

SUITE DE LA TABLE V.

Amplitudes Méridionales.

Déclin. des Astres.	Latitudes ou hauteurs du Pole.														
	42		44		46		48 d. 51 m.			50		55		60	
Degrés.	d.	m.	d.	m.	d.	m.	d.	m.	f.	d.	m.	d.	m.	d.	m.
1	0	52	0	52	0	53	0	54	50	0	55	0	59	1	4
2	2	13	2	16	2	20	2	25	40	2	28	2	43	3	5
3	3	34	3	40	3	46	3	57	20	4	2	4	28	5	4
4	4	54	5	3	5	12	5	28	0	5	35	6	13	7	5
5	6	15	6	27	6	39	6	59	40	7	9	7	58	9	6
6	7	36	7	50	8	6	8	31	20	8	43	9	44	11	7
7	8	57	9	14	9	32	10	3	0	10	17	11	29	13	9
8	10	18	10	38	10	59	11	34	30	11	51	13	15	15	12
9	11	40	12	2	12	27	13	7	30	13	26	15	2	17	16
10	13	1	13	26	13	54	14	40	10	15	1	16	49	19	20
11	14	23	14	51	15	22	16	12	50	16	36	18	37	21	26
12	15	45	16	16	16	50	17	46	30	18	12	20	27	23	34
13	17	7	17	41	18	19	19	20	10	19	48	22	16	25	42
14	18	29	19	6	19	48	20	55	10	21	25	24	8	27	53
15	19	52	20	32	21	17	22	29	30	23	3	25	59	30	6
16	21	15	21	58	22	47	24	5	10	24	42	27	52	32	21
17	22	39	23	25	24	17	25	41	30	26	21	29	46	34	39
18	24	3	24	52	25	48	27	18	20	28	1	31	42	37	0
19	25	27	26	20	27	19	28	57	10	29	42	33	40	39	25
20	26	52	27	48	28	52	30	35	30	31	24	35	40	41	55
21	28	17	29	17	30	25	32	16	0	33	7	37	42	44	29
22	29	43	30	47	31	59	33	57	30	34	52	39	47	47	9
23	31	9	32	17	33	34	35	40	0	36	39	41	55	49	57
24	32	37	33	49	35	10	37	23	40	38	26	44	6	52	53
25	34	5	35	21	36	47	39	9	10	40	16	46	21	56	1
26	35	33	36	54	38	25	40	57	20	42	8	48	41	59	23
27	37	3	38	28	40	5	42	46	30	44	3	51	6	63	7
28	38	34	40	4	41	46	44	38	10	46	0	53	38	67	21
29	40	5	41	41	43	30	46	33	20	48	0	56	18	72	28
30	41	38	43	19	45	15	48	30	30	50	4	59	9		
31	43	13	45	0	47	2	50	31	40	52	2	62	13		
32	44	48	46	42	48	52	52	37	0	54	25	65	35		

TABLE VI.

Valeur d'un degré de chaque parallele, depuis l'Equateur jusqu'au Pole, en minutes & secondes d'un grand cercle & en lieues & toises.

d.	m.	s.	lie.	tois.	d.	m.	s.	lie.	tois.	d.	m.	s.	lie.	tois.
1	59	59	24¾	554	31	51	25	21¼	397	61	29	5	12	269
2	59	58	24¾	538	32	50	53	21	459	62	28	10	11½	438
3	59	55	24¾	491	33	50	19	20¾	462	63	27	14	11¼	221
4	59	51	24¾	428	34	49	44	20½	507	64	26	18	10¾	474
5	59	46	24¾	330	35	49	9	20½	12	65	25	21	10½	142
6	59	40	24¾	255	36	48	32	20	508	66	24	24	10	379
7	59	33	24¾	145	37	47	55	19¾	491	67	23	26	9¾	31
8	59	24	24¾	3	38	47	16	19½	445	68	22	28	9¼	252
9	59	15	24½	432	39	46	37	19¼	396	69	21	30	8¾	474
10	59	5	24½	270	40	45	57	19	332	70	20	31	8½	110
11	58	53	24½	79	41	45	16	18¾	255	71	19	32	8	316
12	58	41	24¼	460	42	44	35	18½	165	72	18	32	7½	506
13	58	27	24¼	238	43	43	52	18¼	64	73	17	32	7¼	126
14	58	13	24¼	17	44	43	9	17¾	525	74	16	32	6¾	316
15	57	57	24	332	45	42	25	17½	397	75	15	31	6¼	490
16	57	40	24	64	46	41	40	17¼	254	76	14	30	6	94
17	57	22	23¾	350	47	40	55	17	117	77	13	29	5½	268
18	57	3	23¾	48	48	40	8	16½	506	78	12	28	5	442
19	56	44	23½	317	49	39	21	16¼	336	79	11	26	4¾	31
20	56	23	23¼	555	50	38	34	16	33	80	10	25	4¼	205
21	56	1	23¼	206	51	37	45	15¾	53	81	9	23	3¾	364
22	55	38	23	412	52	36	56	15¼	317	82	8	21	3¼	522
23	55	13	23	17	53	36	6	15	97	83	7	18	3	94
24	54	48	22¾	190	54	35	16	14½	445	84	6	16	2½	253
25	54	22	22½	350	55	34	24	14¼	191	85	5	13	2	396
26	53	55	22¼	491	56	33	33	13¾	523	86	4	11	1½	554
27	52	27	22¼	48	57	32	40	13½	254	87	3	8	1¼	126
28	52	58	22	158	58	31	47	13	554	88	2	5	0¾	269
29	52	28	21¾	258	59	30	54	12¾	285	89	1	2	0¼	412
30	51	57	21½	332	60	30	0	12½	0	90	0	0	0	0

Nota. Un degré d'un grand cercle comprend 25 lieues communes de France, dont chacune est de 2282 toises.

TABLE VII.

Jours qui répondent aux paralleles de la Zone torride, décrits sur l'Hémisphere inférieur.

Paralleles Septentrion.	Déclin. d. m.	Jours des Mois.
1	2 30	26 Mars. 16 Septembre.
2	5 0	2 Avril. 10 Septembre.
3	7 30	8 Avril. 3 Septembre.
4	10 0	15 Avril. 27 Août.
5	12 30	22 Avril. 20 Août.
6	15 0	30 Avril. 12 Août.
7	17 30	9 Mai. 3 Août.
8	20 0	20 Mai. 23 Juillet.
9	22 0	31 Mai. 11 Juillet.
10	23 28	...... 21 Juin. ....
Paralleles Méridionaux.	**Déclin. d. m.**	**Jours des Mois.**
1	2 30	14 Mars. 29 Septembre.
2	5 0	7 Mars. 5 Octobre.
3	7 30	1 Mars. 12 Octobre.
4	10 0	22 Février. 19 Octobre.
5	12 30	15 Février. 26 Octobre.
6	15 0	7 Février. 2 Novembre.
7	17 30	30 Janvier. 11 Novembre.
8	20 0	20 Janvier. 21 Novembre.
9	22 0	9 Janvier. 2 Décembre.
10	23 28	...21 Décembre......

TABLE VIII.

Quantité dont le lever du Soleil est accéléré ou son coucher retardé par l'effet de la réfraction.

Déclinaison.	Latitudes ou hauteurs du Pole.							
	0	10	20	30	40	48d 51m	54	60
0	2m 14s	2m 16s	2m 23s	2m 35s	2m 55s	3m 24s	3m 48s	4m 28s
10	2 16	2 18	2 25	2 38	3 0	3 31	3 57	4 45
20	2 22	2 25	2 33	2 48	3 15	3 58	4 40	6 7
23d 28m	2 26	2 29	2 38	2 54	3 24	4 16	5 10	7 23

TABLE IX.

Climats de demi-heure.

Climats	plus grand jour.		Derniere latitude		Largeur des Climats.	
	h.	m.	d.	m.	d.	m.
1	12	30	8	38	8	38
2	13	0	16	47	8	9
3	13	30	24	14	7	27
4	14	0	30	44	6	30
5	14	30	36	21	5	37
6	15	0	41	12	4	51
7	15	30	45	23	4	11
8	16	0	48	58	3	35
9	16	30	52	2	3	4
10	17	0	54	38	2	36
11	17	30	56	50	2	12
12	18	0	58	42	1	52
13	18	30	60	17	1	35
14	19	0	61	37	1	20
15	19	30	62	44	1	7
16	20	0	63	40	0	56
17	20	30	64	26	0	46
18	21	0	65	3	0	37
19	21	30	65	32	0	29
20	22	0	65	54	0	22
21	22	30	66	10	0	16
22	23	0	66	21	0	11
23	23	30	66	28	0	7
24	24	0	66	31	0	3

TABLE X.

Climats de mois.

Climats & Mois.	Derniere latitude.			Degrés de la Zone torride fur l'horizon			Largeur des Climats.		
	d.	m.	f.	d.	m.	f.	d.	m.	f.
1	67	22	0	0	46	36	0	50	0
2	69	57	0	3	24	13	2	35	0
3	73	35	32	7	5	32	3	38	32
4	78	17	41	11	47	41	4	42	9
5	83	52	45	17	22	45	5	35	4
6	90	0	0	23	28	0	6	7	15

TABLE XI.

Réduction des parties de l'Equateur en temps.

d.	h. m.		d.	h. m.			
m.	m.	ſ.	m.	m.	ſ.		
ſ.	ſ.	t.	ſ.	ſ.	t.	d.	h. m.
1	0	4	31	2	4	70	4 40
2	0	8	32	2	8	80	5 20
3	0	12	33	2	12	90	6 0
4	0	16	34	2	16	100	6 40
5	0	20	35	2	20	110	7 20
6	0	24	36	2	24	120	8 0
7	0	28	37	2	28	130	8 40
8	0	32	38	2	32	140	9 20
9	0	36	39	2	36	150	10 0
10	0	40	40	2	40	160	10 40
11	0	44	41	2	44	170	11 20
12	0	48	42	2	48	180	12 0
13	0	52	43	2	52	190	12 40
14	0	56	44	2	56	200	13 20
15	1	0	45	3	0	210	14 0
16	1	4	46	3	4	220	14 40
17	1	8	47	3	8	230	15 20
18	1	12	48	3	12	240	16 0
19	1	16	49	3	16	250	16 40
20	1	20	50	3	20	260	17 20
21	1	24	51	3	24	270	18 0
22	1	28	52	3	28	280	18 40
23	1	32	53	3	32	290	19 20
24	1	36	54	3	36	300	20 0
25	1	40	55	3	40	310	20 40
26	1	44	56	3	44	320	21 20
27	1	48	57	3	48	330	22 0
28	1	52	58	3	52	340	22 40
29	1	56	59	3	56	350	23 20
30	2	0	60	4	0	360	24 0

TABLE XII.

Réduction du temps en parties de l'Equateur.

h.	d.	m.	d.	m.
		ſec.	m.	ſ.
		tier.	ſ.	t.
1	15	1	0	15
2	30	2	0	30
3	45	3	0	45
4	60	4	1	0
5	75	8	2	0
6	90	12	3	0
7	105	16	4	0
8	120	20	5	0
9	135	24	6	0
10	150	28	7	0
11	165	32	8	0
12	180	36	9	0
13	195	40	10	0
14	210	44	11	0
15	225	48	12	0
16	240	52	13	0
17	255	56	14	0
18	270	60	15	0
19	285			
20	300			
21	315			
22	330			
23	345			
24	360			

TABLE DES MATIERES.

TABLE DES MATIERES.

TABLES RÉLATIVES A LA MAPPEMONDE.

I. Table. *Qui enseigne pour tous les mois, de 5 en 5 jours; le lieu du Soleil à midi, sa longitude, sa déclinaison, la distance de l'équinoxe au méridien, l'ascension droite & oblique, la différence assensionnelle, le commencement & la fin des crépuscules, les amplitudes orientales & occidentales, le lever & le coucher du Soleil.*

II. Tab. *Hauteurs du Soleil à toutes les heures du jour, de 10 en 10 degrés de chaque Signe, avec les jours des mois qui y répondent, pour la latitude de Paris.* 48 d. 51 m.; *le complément est la distance du Soleil au Zénith.*

III. Tab. *Verticaux du Soleil depuis le Méridien, à chaque heure du jour, pour la latitude de Paris.* 48 d. 51 m.

IV. Table. *Arcs sémi-diurnes pour les latitudes, de 5 en 5 degrés depuis le* 5e *jusqu'au* 60e, *& de 2 en 2 degrés depuis le* 40e *jusqu'au* 50e, *& pour les déclinaisons septentrionales & méridionales depuis* 1 *degré jusqu'à* 32.

V. Table. *Amplitudes septentrionales & méridionales pour les latitudes, de 5 en 5 degrés depuis le* 5e *jusqu'au* 60e, *& de 2 en 2 degrés depuis le* 40e *jusqu'au* 50e, *& pour les déclinaisons depuis* 1 *degré jusqu'à* 32.

VI. Table. *Valeur d'un degré de chaque parallele, depuis l'Equateur jusqu'au Pole, en minutes & secondes d'un grand cercle, & en lieues & toises.*

VII. Table. *Jours qui répondent aux paralleles de la Zone torride décrits sur l'Hemisphere inférieur.*

VIII. Table. *Quantité dont le lever du Soleil est accéléré ou son coucher retardé par l'effet de la réfraction.*

IX. Table. *Climats de demi-heure.*

X. Table. *Climats de mois.*

XI. Table. *Réduction des parties de* [illegible] *tems.*

XII. Table. *Réduction du tems en parties de l'Equateur.*

ERRATA.

Problême IV, *pag.* 18, *ligne* 23, 15 s. *lisez* 50 s.
Ibid, *ligne* 24, 44 m. 20 s. *lisez* 45 m. 40 s.
Problême V, *pag.* 21, *ligne* 29, 25 m. ou 60 l. *lisez* 35 m. ou 64
Pag. 37, *ligne* 4, nous, *lisez* vous.

www.ingramcontent.com/pod-product-compliance
Ingram Content Group UK Ltd.
Pitfield, Milton Keynes, MK11 3LW, UK
UKHW012246240726
13966UKWH00004B/1325

9 782011 945235